チョウごよみ365日

昆虫研究者が
追いかけた
四季折々の姿と
営み

工藤誠也

チョウを眺めに野山へ向かう。
まずは地元の青森から、
東北、関東、南の方へも足を伸ばして。
青森が雪に閉ざされれば、世界のどこかへ。

ヒメギフチョウ *Luehdorfia puziloi*（青森県）

4月1日
冬から春へ

4月を迎えたばかりの青森の野山には冬の気配が残り、雪解け直後の地面に落ち葉が固く張り付いていた。雲の間から太陽の光が射し込むと、陽気とともに1匹のヒメギフチョウが現れた。

ルリタテハ *Kaniska canace*（青森県）

4月2日

寒の戻り

連日の冷え込みで季節はすんなり進まない。チョウと花が野山を春らしく彩るには、もう少し時間がかかりそうだ。成虫で冬を越したルリタテハが林道に姿を現し、日光を浴びていた。

ヒオドシチョウ *Nymphalis xanthomelas*（青森県）

4月3日

展望台

春先の好天に誘われて人出が多い。小高く見晴らしの良い展望台にヒオドシチョウが陣取り、ハイカーが近くを通るたびに飛び立ってはすぐ元の場所に戻ることを繰り返していた。

ヒオドシチョウ *Nymphalis xanthomelas*（青森県）

4月4日

つわもの

ヒオドシチョウは初夏に羽化して間もなく休眠する。夏から冬をほとんど動かずやり過ごし、春にようやく活動をはじめた成虫は、すでに9か月以上を生き抜いたつわものだ。砂粒を巻き上げ力強く飛ぶ姿に、老いは感じない。

ルリシジミ *Celastrina argiolus*（青森県）

4月5日

ヤナギの花

枯れ色の林の中で、いち早く花をつけたヤナギには多くの虫が集まっていた。花穂のまわりを小ぶりなハチの仲間が無数に行き交い、それに混じってルリシジミが蜜を吸う。吹き込む風に花穂は大きく揺れていた。

イチモンジチョウ *Limenitis camilla*（青森県）

4月6日

越冬巣

芽吹き前のタニウツギの枝に、小さな枯れ葉が袋状に折りたたまれてぶら下がっていた。これは冬越しのための巣で、中にイチモンジチョウの幼虫が潜んでいる。タニウツギが葉を広げるまで、もう少しだけ眠り続ける。

ヒメギフチョウ *Luehdorfia puziloi*（青森県）

4月7日

冬と春

豪雪地帯では、春はまばらにやってくる。雪に閉ざされた場所はまだ多いが、海に近く陽当たりの良い斜面ではカタクリの花が咲き揃い、時折ヒメギフチョウが飛び出していた。

スギタニルリシジミ *Celastrina sugitanii*（青森県）

4月8日

輻射熱

早く雪解けした谷ではスギタニルリシジミが目立ちはじめた。10か月以上を蛹として過ごすこのシジミチョウは春に限って現れる。気温はまだ十分に上がらないものの、陽を受けた地面が熱をもち、その活動を助けていた。

ギフチョウ *Luehdorfia japonica*（山形県）

4月9日

爛漫

ギフチョウを求めて山形を訪れた。ヒメギフチョウより暖かい地域にすむこのチョウは、春を代表する日本の固有種だ。春爛漫の丘に集まり、咲き誇るケイオウザクラでしきりに蜜を吸っていた。

アカタテハ *Vanessa indica*（山形県）

4月10日

桜の咲く丘で

丘の上では、ギフチョウにアカタテハ、ルリシジミなど、種々のチョウがケイオウザクラの花を訪れる。成虫で冬を越すアカタテハは秋に見るものより淡く色褪せて、生きた時間の長さを感じさせる。

ギフチョウ *Luehdorfia japonica*（山形県）

4月11日

朝のひととき

春の朝は肌寒い。ようやく射し込んだ木漏れ日に地面が熱を帯びた頃、ギフチョウがどこからともなく現れて目の前をゆっくり漂った。カタクリの花に一度立ち寄り、そして丘の上へと消えていった。

ギフチョウ *Luehdorfia japonica*（山形県）

4月12日

産卵

しきりに脚で下草に触れながら飛ぶギフチョウのメスを目で追うと、しばらくしてトウゴクサイシンの若葉にたどりつき、卵を産みはじめた。飛び去ったあと、葉には13個の卵が残されていた。

ヒオドシチョウ *Nymphalis xanthomelas*（青森県）

4月13日

歴戦の跡

展望台に陣取るヒオドシチョウの翅はぼろぼろになっていた。越冬から明けて1か月以上、連日激しく飛び回ったのだろう。翅の面積がもう半分も残っていないが、飛翔は変わらず力強い。

ヒメギフチョウ *Luehdorfia puziloi*（岩手県）

4月14日

カタクリ

春の陽を浴びて、斜面一面のカタクリ群落が広がる。ヒメギフチョウはこうした紫色の花をよく好むが、飛び盛りのオスたちは花に見向きもせず飛び交っていた。午後になって陽射しが和らぐと、静けさの戻った斜面にメスが現れ、カタクリの花へと立ち寄った。

ヒメギフチョウ *Luehdorfia puziloi*（岩手県）

4月15日

オス同士

ヒメギフチョウのオスは、飛んでいるメスを地面に叩き落して交尾を迫る。そんな求愛の場面と思いきや、よく見ると叩き落された側もオスだった。もちろん交尾は成立せず、次の瞬間には離れて飛び去った。

ヒメギフチョウ *Luehdorfia puziloi*（岩手県）

4月16日

目立たない

地面にとまったヒメギフチョウは意外なほど目立たない。乾いた落ち葉が日光をきつく照り返す春の林では、黄色と黒の縞模様がある種の迷彩のように働くのだろう。

スギタニルリシジミ *Celastrina sugitanii*（青森県）

4月17日

舞い降りた

地面近くに集まるスギタニルリシジミはオスばかりだ。メスは高いところに潜み、めったにその姿を見せない。そんなスギタニルリシジミのメスが突然現れて、目の前にとまった。ゆっくり広げた翅は深い空色に輝いていた。

ヤマトスジグロシロチョウ *Pieris japonica*（青森県）

4月18日

白の共演

ヤマトスジグロシロチョウがキクザキイチゲの花を訪れた。平地で見られるスジグロシロチョウに似るが、津軽の山地ではこちらが多数派だ。スギタニルリシジミなどと同時期に現れ、数回の発生を繰り返して秋まで見られる。

ヒメギフチョウ *Luehdorfia puziloi*（青森県）

4月19日

里山の春

地元津軽の里山は、すっかり春の陽気。季節外れに降った雪の影響か、カタクリの花弁は傷んでいた。枯れ葉の隙間から顔を出したスミレサイシンが花をつけ、そこにヒメギフチョウが立ち寄った。

ヒメギフチョウ *Luehdorfia puziloi*（青森県）

4月20日

独占のために

茂みで1組のヒメギフチョウが交尾していた。オスは交尾を終えたあともしばらくつながり続け、メスの腹端にスフラギスと呼ばれる構造物を貼り付ける。この構造物によって、メスは次回以降の交尾を妨害される。

ヒメギフチョウ *Luehdorfia puziloi*（青森県）

4月21日

卵

藪の中のトウゴクサイシンからヒメギフチョウが飛び立つと、葉の裏には14個の卵が産み残されていた。この卵が孵化すると、幼虫は集団を保ったまま成長し、夏を待たず蛹になる。そして翌年の春まで眠り続ける。

アオスソビキアゲハ *Lamproptera meges*（タイ）

4月22日

水鏡

タイ北部の街、チェンマイを訪れた。チェンマイの4月は雨季前の猛暑期にあたり、気温は連日、35～40℃に達する。干上がった沢に沿って林内を進むと、かろうじて残された浅い水たまりに、多数のアオスソビキアゲハが集まっていた。透明な前翅と長い尾を小刻みに震わせ、しきりに水を吸い上げていた。

ミカドアゲハ *Graphium doson*
レテノールアゲハ *Papilio alcmenor*
タイワンモンキアゲハ *Papilio nephelus*（タイ）

4月23日

吸水

周囲が干上がる中、かろうじて流れを保った沢はチョウで賑わっている。並んで吸水しているミカドアゲハを眺めていると、レテノールアゲハとタイワンモンキアゲハが仲間に加わった。

ルリウラナミシジミ *Jamides bochus*（タイ）

4月24日

残酷の美

チョウで賑わう水たまりの傍らに、ルリウラナミシジミの亡骸が浮かんでいた。藻に絡まって身動きが取れなくなり、そのまま力尽きたのだろう。周囲に飛び散った鱗粉は、星空のように青く輝いていた。

ミカドアゲハ *Graphium doson*
キロンタイマイ *Graphium chironides*
タイワンシロチョウ *Appias lyncida*
ウスキシロチョウ *Catopsilia pomona* 他（タイ）

4月25日 仲間の近くに

水場のチョウは、仲間同士が仲良く並ぶ。ウスキシロチョウとタイワンシロチョウからなる吸水集団に1匹のミカドアゲハが加わると、それを契機にアゲハチョウの仲間が集まりはじめた。

キゴマダラ *Sephisa chandra*（タイ）

4月26日

存在感

翅の橙と青が印象的なキゴマダラは、日本のゴマダラチョウに近い仲間だ。現れるのを待っていると、ようやく近くに来た1匹が羽ばたきながら岩盤の上をゆっくり歩き、独特の存在感を放っていた。

テングアゲハ *Teinopalpus imperialis*（タイ）

4月27日

奇蝶

タイ北端の街、ファンに来た。ミャンマーとの国境にそびえる山の頂には、世界屈指の奇蝶がすむという。夜明け前に出発し、険しい山道を車と足で登り続け、山頂に着いたのは午前8時。間もなく、異様なアゲハチョウが現れた。

テングアゲハ *Teinopalpus imperialis*（タイ）

4月28日

僻地

テングアゲハには、朝方のひと時だけ山頂に集まる習性がある。夜明け前に宿を出たのは、その時間帯に合わせるためだ。途中の雲霧林では、デンドロビウムと思しき着生ランが咲いていた。

オオルリシジミ *Shijimiaeoides divinus*（熊本県）

4月29日
ハレの日

大学時代の友人の結婚を祝うべく、九州を訪れた。直前まで海外でチョウを追いかけていたという私の秘密は、新郎の企みにより参列者全員の知るところとなった。夜遅くホテルに戻って仮眠をとると、翌朝早く阿蘇へと向かった。

オオルリシジミ *Shijimiaeoides divinus*（熊本県）

4月30日

残された生息地

阿蘇には絶滅危惧種のオオルリシジミが生息する牧草地がある。かつて日本各地にいたこのチョウは、今では九州と長野にわずかに残るだけとなった。遠くに見える阿蘇中岳の火口から白煙があがっていた。

キベリタテハ *Nymphalis antiopa*（岩手県）

5月1日

残雪

越冬から明けたキベリタテハが谷底を我が物顔で飛んでいた。雪が解けきらない山奥のシラカバ林で活動するチョウは少なく、周囲にライバルは見当たらない。

ヒメギフチョウ *Luehdorfia puziloi*（岩手県）

5月2日

雪山の春

世間で春の賑わいが落ち着く頃、北国の山はまだ冬の色を残している。深い根雪の傍ら、ようやく地表を現した斜面にカタクリが花を開き、どこからともなく現れたヒメギフチョウがとまって蜜を吸った。

スジボソヤマキチョウ *Gonepteryx aspasia*（岩手県）

5月3日

染み

ナニワズの花を訪れていたのは、翅に染みをつけたスジボソヤマキチョウだ。成虫で冬を越すこのチョウは、どんな仕組みか、越冬明けに無数の染みが翅に浮き出す。越冬前の鮮やかな姿も美しいが、この姿もまた趣がある。

スギタニルリシジミ *Celastrina sugitanii*（岩手県）

5月4日

副産物

あるガを探して歩いていると、沢沿いの下草でつながるスギタニルリシジミの雌雄を見つけた。普段見られるこのチョウは水辺に集まるオスばかりで、違う場面に遭遇するとちょっと得した気持ちになる。肝心のガには会えず、飛び去る姿を遠目に見て終わった。

コツバメ *Callophrys ferrea*（青森県）

5月5日

日光浴

足元からコツバメが飛び出した。ヒメギフチョウやスギタニルリシジミよりわずかに遅れて現れるこのシジミチョウも、春の一時期にしか見られない。しばらく飛び回ると突端にとまって翅を閉じ、徐々に体を傾けて太陽の光を目一杯に浴びていた。

キアゲハ *Papilio machaon*（青森県）

5月6日

タンポポ

曇天で肌寒い。冬の間の雪寄せ場にされていたのか、休耕田の一角では季節の進みが遅れていた。ようやく咲きはじめたセイヨウタンポポが枯れ草色の地面を彩り、そこに春の小ぶりなキアゲハがやってきた。

スギタニルリシジミ *Celastrina sugitanii*（青森県）

5月7日

落ちたトチノキの枝で

沢沿いに生えたトチノキの大木が雪の重みで割れていた。落ちた枝はまだ生きていて、多くの蕾をつけている。スギタニルリシジミがこの蕾にやってきて卵を産みはじめた。

ヒメシロチョウ *Leptidea amurensis*（青森県）

5月8日
草地の危機

ヒメシロチョウは各地で姿を消している。青森は日本有数の多産地域として知られているが、それでも以前のようには見られなくなった。長年通い続けているこの休耕田も、ススキが深く茂ったためか、年々数を減らしている。

ヒメシロチョウ *Leptidea amurensis*（青森県）

5月9日

お見合い

ヒメシロチョウの求愛行動は独特だ。メスの正面に向かい合わせたオスが、口吻を大きく振り回し、メスの体を何度も撫でてアプローチする。この光景は草地のそこかしこで見られるが、成功の場面に出くわしたことはない。

ヒメシロチョウ *Leptidea amurensis*（青森県）

5月10日

ツルフジバカマ

ヒメシロチョウが長い腹部を弧状に曲げて卵を産んでいた。このチョウの食草となるツルフジバカマは地面を這って伸びる蔓性のマメ科植物で、長く放置された草地では別の植物が生い茂り消えてしまう。ヒメシロチョウはこのあと秋までに数回の発生を繰り返す。

スジグロシロチョウ *Pieris melete*（青森県）

5月11日

白いチョウ

道端のところどころにシロチョウの仲間が飛び交い、黄色や白色の花に集まっている。白いチョウの代表であるモンシロチョウは農地以外でそれほど見られず、津軽ではこのスジグロシロチョウが最も多い。

クジャクチョウ *Inachis io*（青森県）

5月12日

春の終わり

サクラの花が散り、津軽は新緑の季節へと移りつつある。道路脇に咲くセイヨウタンポポでは、越冬から明けたクジャクチョウが蜜を吸っていた。長い冬を耐え抜いた翅は掠れて土色を帯びていた。

ツマキチョウ *Anthocharis scolymus*（青森県）

5月13日

唐草模様

小雨の中、枝先で休んでいるツマキチョウを見つけた。唐草模様が印象的なこのチョウは、木々が芽吹いて萌黄色となる春の終わり頃に現れて、短い期間で姿を消す。スジグロシロチョウやモンシロチョウより一回り小さいその姿は可憐で美しい。

サカハチチョウ *Araschnia burejana*（青森県）

5月14日

春の姿

林道に咲くセリ科の花にサカハチチョウが集まっていた。春のサカハチチョウはオレンジ色の翅が鮮やかだ。このチョウは夏にもまた出現し、その世代は黒を基調としたシックな色合いの夏型となる。

ウスバシロチョウ *Parnassius citrinarius*（青森県）

5月15日

半透明

ウスバシロチョウの舞う季節が訪れた。このチョウは見た目や名前に反してアゲハチョウの仲間で、誤解を避けるためにウスバアゲハという名で呼ばれることもある。半透明の翅を羽ばたかせて、新緑の林をふわふわと飛ぶ。

ウスバシロチョウ *Parnassius citrinarius*（青森県）

5月16日

逆光

2匹のウスバシロチョウが絡み合い、やがて交尾へと至った。低い位置から覗き込むと透き通った翅が新緑に映えている。1時間ほど経つと2匹は離れ、オスが飛び去った。

ヒメギフチョウ *Luehdorfia puziloi*（岩手県）

5月17日

ミネザクラ

標高800mほどの高原ではようやく春の盛りとなり、ミネザクラが見頃を迎えた。時折ヒメギフチョウが現れ、花に立ち寄って蜜を吸っている。林の中にはまだ雪が残り、流れ出した雪解け水が登山道に水筋をつくっていた。

エルタテハ *Nymphalis vaualbum*（岩手県）

5月18日

寒冷地

ミネザクラにはエルタテハも訪れる。寒冷地を好むタテハチョウの中でもとりわけ寒い場所にすむこのチョウは、東北地方では山の高いところ以外でほとんど見られない。厳しい冬を越えた翅は、擦れてぼろぼろになっていた。

ツバメシジミ *Everes argiades*（青森県）

5月19日

青いメス

目の前にとまったツバメシジミのメスは青かった。このチョウは翅を開くと真っ黒なのが本来だ。しかし幼虫で越冬し羽化するこの世代に限り、稀に黒の中に青い鱗粉を鏤《ちりば》めた美しいメスが現れる。

フジミドリシジミ *Sibataniozephyrus fujisanus*（青森県）

5月20日

ブナ

フジミドリシジミは日本のチョウで唯一、ブナの葉を食べて育つ。ブナ林はまだ春の気配を色濃く残しているのに、幼虫はすでに大きくなっていた。自身の体色に似た冬芽の鱗片を糸で綴り合わせ、そこに身を寄せて隠れていた。

サトキマダラヒカゲ *Neope goschkevitschii*（埼玉県）

5月21日

都市公園

埼玉を訪れた。辺りに立ち並ぶ常緑の木々を見ると、青森より遥かに暖かい地域に来たことを実感する。公園のクヌギの幹から染み出した樹液には、春型のサトキマダラヒカゲが集まっていた。

アカボシゴマダラ *Hestina assimilis assimilis*（埼玉県）

5月22日

移入亜種

アカボシゴマダラはもともと奄美に分布するが、本州で見られるのは海外から持ち込まれた別の亜種だ。公園を飛ぶ移入亜種の真っ白なアカボシゴマダラが、枝先にとまって周囲を見下ろしていた。

ウスバシロチョウ *Parnassius citrinarius*（秋田県）

5月23日

スフラギス

目の前でウスバシロチョウのオスが必死に交尾を迫っていたが、メスに付けられていたスフラギス（※）がそれを阻んでいた。諦め切れないオスは、1時間以上もメスにしがみつき続けた。

※4月20日「独占のために」参照

ツマジロウラジャノメ *Lasiommata deidamia*（青森県）

5月24日

崖をさまよう

大きくなったツマジロウラジャノメの幼虫が、蛹になる場所を求めて岩肌をさまよっていた。湿った岩崖にすむ珍しいジャノメチョウの仲間だ。幼虫は崖から生え出したイネ科植物を食べて育ち、成虫も崖から大きくは離れない。

ミヤマカラスアゲハ *Papilio maackii*（岩手県）

5月25日

光が射すまで

午後3時過ぎ、空は雲に覆われて薄暗く、空気が湿っている。山間の谷川ではミヤマカラスアゲハが1匹で水を吸っていた。しばらくして雲の隙間から漏れた光が直射すると、思い出したように動き出し、間もなく飛び去った。

ミヤマカラスアゲハ *Papilio maackii*（岩手県）

5月26日

逆さの蝶影

晴れた朝、水場にまだチョウの姿はない。ようやく現れたミヤマカラスアゲハも、地面に下りることなく周囲を漂っている。水面にはその姿が逆さになって映し出されていた。

オナガアゲハ *Papilio macilentus*（岩手県）

5月27日

砂利道

林の中の暗く湿った砂利道ではオナガアゲハが水を吸っていた。強烈な木漏れ日が水たまりを照らしている。このあと釣り人の車が通るまで、オナガアゲハは長らく吸水を続けた。

ベニシジミ *Lycaena phlaeas*（青森県）

5月28日

菜の花

道路脇の法面には菜の花が咲き、ベニシジミ、ルリシジミ、スジグロシロチョウ、ツマキチョウなど身近なチョウが多く集まっていた。穏やかな陽気が心地よい。

ヤマキマダラヒカゲ *Neope niphonica*（青森県）

5月29日

多数派

林道を歩いていると頭上からヤマキマダラヒカゲが飛び出した。目の届かない高さで樹液を吸っていたのかもしれない。関東で多いサトキマダラヒカゲは青森では少なく、このヤマキマダラヒカゲが多数派となる。

ウラキンシジミ *Ussuriana stygiana*（青森県）

5月30日

パラシュート

ウラキンシジミの幼虫は、大きくなると葉の根元を噛み切り、その葉をパラシュートにして地面へと降下する。なぜそんなことをするのか、理由はウラキンシジミのみぞ知る。

コジャノメ *Mycalesis francisca*（岩手県）

5月31日

分布北限

少し寄り道してコジャノメを探した。このチョウは青森では見られず、岩手より南にしか分布しない。初めてまじまじと見るコジャノメは、思い描いていたより小ぶりだった。

チャマダラセセリ *Pyrgus maculatus*（岩手県）

6月1日

アズマギク

だだっ広い高原の片隅ではアズマギクが群生し、その花をチャマダラセセリが訪れていた。辺りにはまだ春の気配が漂い、萌えたばかりの葉は萌黄色でやわらかい。

チャマダラセセリ *Pyrgus maculatus*（岩手県）

6月2日

風前の灯火

チャマダラセセリは多くの地域で絶滅または激減し、今日残されている生息地は一部の高原などに限られる。かつて青森でも、畑の合間の空き地などで見られたらしいが、もうその姿はない。

オオルリシジミ *Shijimiaeoides divinus*（長野県）

6月3日

再生

本州のオオルリシジミは1990年代までにほぼ絶滅した。しかし長野では飼育下での系統保存を含めた保護回復事業が進められ、現在もその姿を見ることができる。長野に再生された生息地は、かつてこのチョウがいたと伝え聞く青森の草地にどこか似ている。

オオルリシジミ *Shijimiaeoides divinus*（長野県）

6月4日

保全と暮らし

長野のオオルリシジミ生息地は、田んぼの畦やため池のまわりなど、人の生活と関わりの深い場所に多い。暮らしと農業の在り方が時代とともに変化する中で、かつてのような草地環境を維持することは簡単ではないだろう。

ミヤマシジミ *Plebejus argyrognomon*（長野県）

6月5日

ようやく

ミヤマシジミは各地で姿を消し、山形、宮城、石川、東京、神奈川などで絶滅した。ここ長野でも減少しているると聞くが、生息地はまだ残されている。丸一日探しまわり、ようやく1匹のオスに出会うことができた。

ギンイチモンジセセリ *Leptalina unicolor*（青森県）

6月6日

草間を跳ねる

尖った鼻先と細長い体が特徴的なギンイチモンジセセリは、乾いた草地を低く跳ねるように飛ぶ。多くの地域で春から夏に2〜3回の発生を繰り返すが、青森などの寒冷地ではこの季節の一度きりしか現れない。

ダイミョウセセリ *Daimio tethys*（青森県）

6月7日

梅雨時

どんよりと曇って肌寒い今日は、いつもよりダイミョウセセリがおとなしい。時折ぱらつく雨で下草は濡れていた。雲越しのやわらかい光に、艶やかな黒色の翅が照らされていた。

ミドリシジミ *Neozephyrus japonicus*（青森県）

6月8日

ハンノキ

二つ折りにされたハンノキの葉の中に、ミドリシジミの幼虫が潜んでいる。幼虫はまだ小さく、巣に使われている葉も若い。幼虫が大きくなると、からだに合わせた大きな葉に移動して巣をつくり直す。

アイノミドリシジミ *Chrysozephyrus brillantinus*（青森県）

6月9日

ミズナラ

ミズナラにアイノミドリシジミの幼虫を見つけた。葉にいくつも開いた穴は、この幼虫の食痕だろう。あと少しすると、幼虫は地面に下りて蛹になる。金緑色に輝く成虫が羽化するまではまだかかりそうだ。

ゴマダラチョウ *Hestina persimilis japonica*（青森県）

6月10日

北限のエノキ

青森県南西部の海岸地帯は海流の影響を受けて暖かく、エノキの自生北限となっている。そのエノキの梢ではゴマダラチョウのオスが茂みの輪郭をなぞるように飛び、メスを探しているようだった。

ゴマダラチョウ *Hestina persimilis japonica*（青森県）

6月11日

羽化直後に

ゴマダラチョウの雌雄がつながっていた。蛹の殻に掴まったままのメスは羽化して間もなく交尾に至ったらしい。草の陰にとまって動かないメスを見つけるのは至難だろうに、上手くやるものだ。

ゴマダラチョウ *Hestina persimilis japonica*（青森県）

6月12日

白い翅

春に羽化するゴマダラチョウは、夏以降の世代よりも白くなり、青森では特にその傾向が強い。中には翅の大部分が白く掠れてまるで別の種のような姿で飛ぶものもいる。

ハヤシミドリシジミ *Favonius ultramarinus*（青森県）

6月13日

護衛

カシワの枝の割れ目にハヤシミドリシジミの幼虫が潜んでいた。日中はこうして身を隠し、暗くなると葉まで移動して摂食をはじめる。幼虫の背中から分泌される蜜によって手懐けられたアシナガケアリが、熱心に護衛をしていた。

ダイミョウセセリ *Daimio tethys*（青森県）

6月14日

毛玉を産む

ヤマノイモ類の若葉に、ダイミョウセセリが卵を産み付けていた。黒い翅はぼろぼろになって褐色し、わずかに赤みを帯びている。チョウが飛び去ったあとの葉には、灰色の毛に包まれた独特の卵が残されていた。

オオムラサキ *Sasakia charonda*（青森県）

6月15日

愛嬌

オオムラサキの幼虫が重い体で枝葉をしならせていた。エノキを食樹とするのがよく知られるが、ここでは寒冷地に生えるエゾエノキの葉を食べている。幼虫が左右に首をふると、愛嬌のある顔がこちらを覗いた。

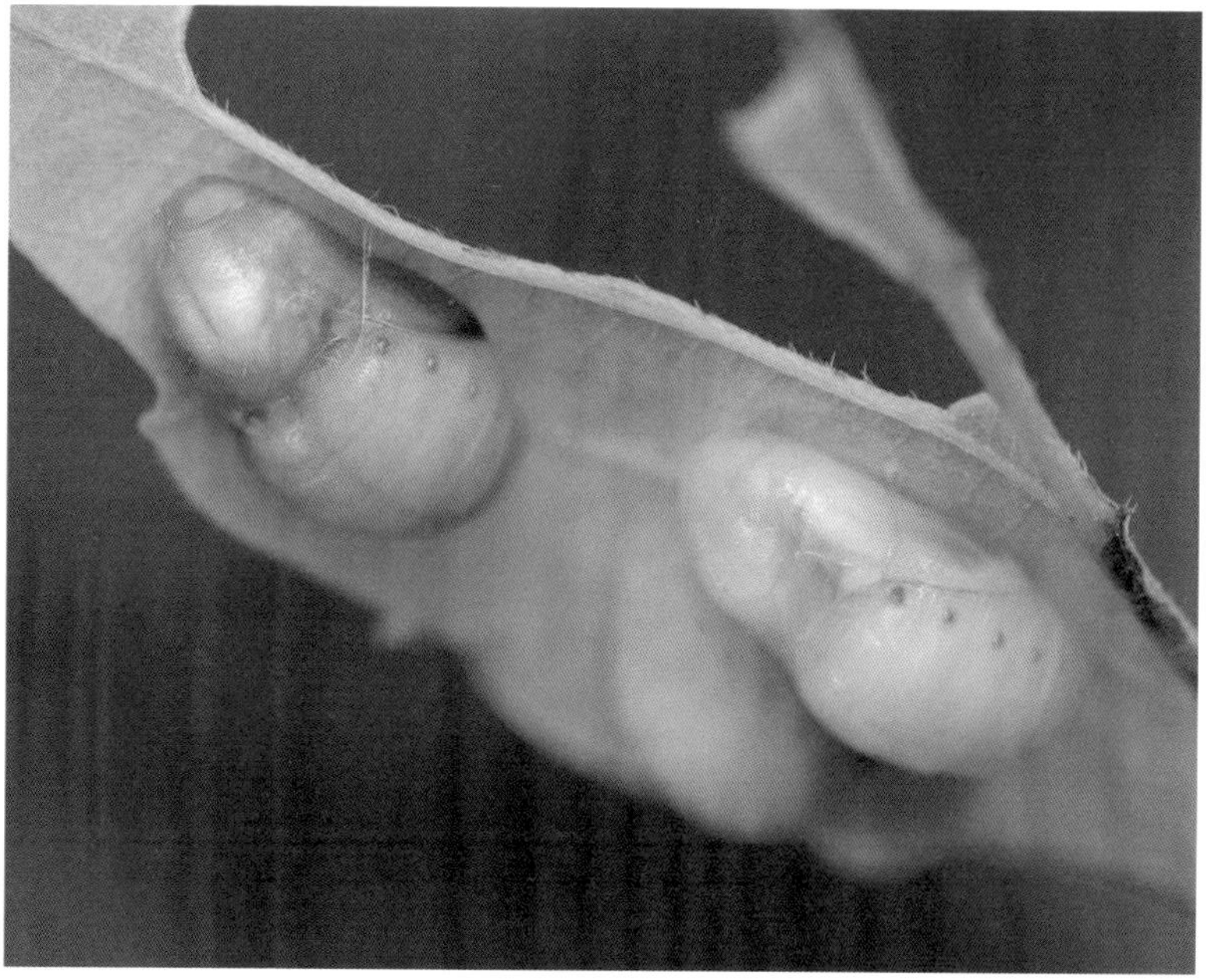

アカシジミ *Japonica lutea*（青森県）

6月16日

砂糖菓子

コナラの葉にアカシジミの蛹がついていた。丸く透き通った白緑色の蛹は、ある種の砂糖菓子を連想させる。いくつかの蛹では内部に成虫の体ができあがりつつあり、翅のオレンジ色が浮かび上がっていた。

ヒメシジミ *Plebejus argus*（青森県）

6月17日

心配

岩木山麓にヒメシジミが現れた。山地の草原にすむこのシジミチョウは、津軽ではごく限られた場所でしか見られない。生息地の草原ひとつひとつも狭小で、行末を案じながらその姿をカメラに収める。

イチモンジチョウ *Limenitis camilla*（青森県）

6月18日

羽化前兆

キンギンボクの葉にぶら下がるのは、イチモンジチョウの蛹だ。羽化が間近に迫り、飴色の殻の中から翅の模様がくっきり透けている。後日、この場所には半透明な蛹の殻だけが残されていた。

イチモンジチョウ *Limenitis camilla*（青森県）

6月19日

夏の訪れ

イチモンジチョウは林道など、林に接した明るい空間に現れる。特別に速く飛ぶわけではないものの警戒心が強く、思うようには近付けない。このチョウの出現は、北国にも夏が訪れつつあることを感じさせる。

ムモンアカシジミ *Shirozua jonasi*（青森県）

6月20日

半肉食

クロクサアリの群れる中、ムモンアカシジミの幼虫がアブラムシを捕食していた。このチョウの幼虫は半肉食で、植物の葉も食べる。そしてアリを捕食したり、餌をもらったりするわけでもないのに、クサアリ類が営巣している木でしか育たない。

メスアカミドリシジミ *Chrysozephyrus smaragdinus*（青森県）

6月21日

ゼフィルス

午前11時、登山道にメスアカミドリシジミが現れた。本種をはじめとしたミドリシジミの仲間は、西風の精に因んだかつての学名から「ゼフィルス」の呼び名で親しまれている。特定の時間帯に限って活動するのがゼフィルスの習性で、この個体も昼過ぎには姿を消した。

フジミドリシジミ *Sibataniozephyrus fujisanus*（青森県）

6月22日

ブナ林の朝

早朝の暗いブナ林でじっと待つ。わずかに太陽が高くなり強烈な木漏れ日が林床の一部に射し込むと、照らされた空間にフジミドリシジミが次々と舞い降りてきた。

フジミドリシジミ *Sibataniozephyrus fujisanus*（青森県）

6月23日

珍蝶

フジミドリシジミはブナ林にすむ珍しいゼフィルスだ。夕刻に梢で活動するというが、豪雪地帯のブナは下枝の少ない高木で、その空間に人の目は届かない。朝方に林の中に降りてくる寝ぼけた彼らを眺めるばかりなのがもどかしい。

アカシジミ *Japonica lutea*（青森県）

6月24日

隠す

アカシジミは自身の色に似たオレンジ色の夕陽に照らされながら活動する。産卵を終えた1匹がしきりに腹部を擦り付け、枝の微毛や自身の体毛をかき集めて卵を覆い隠す様子を、茂みの外からしばらく眺めた。

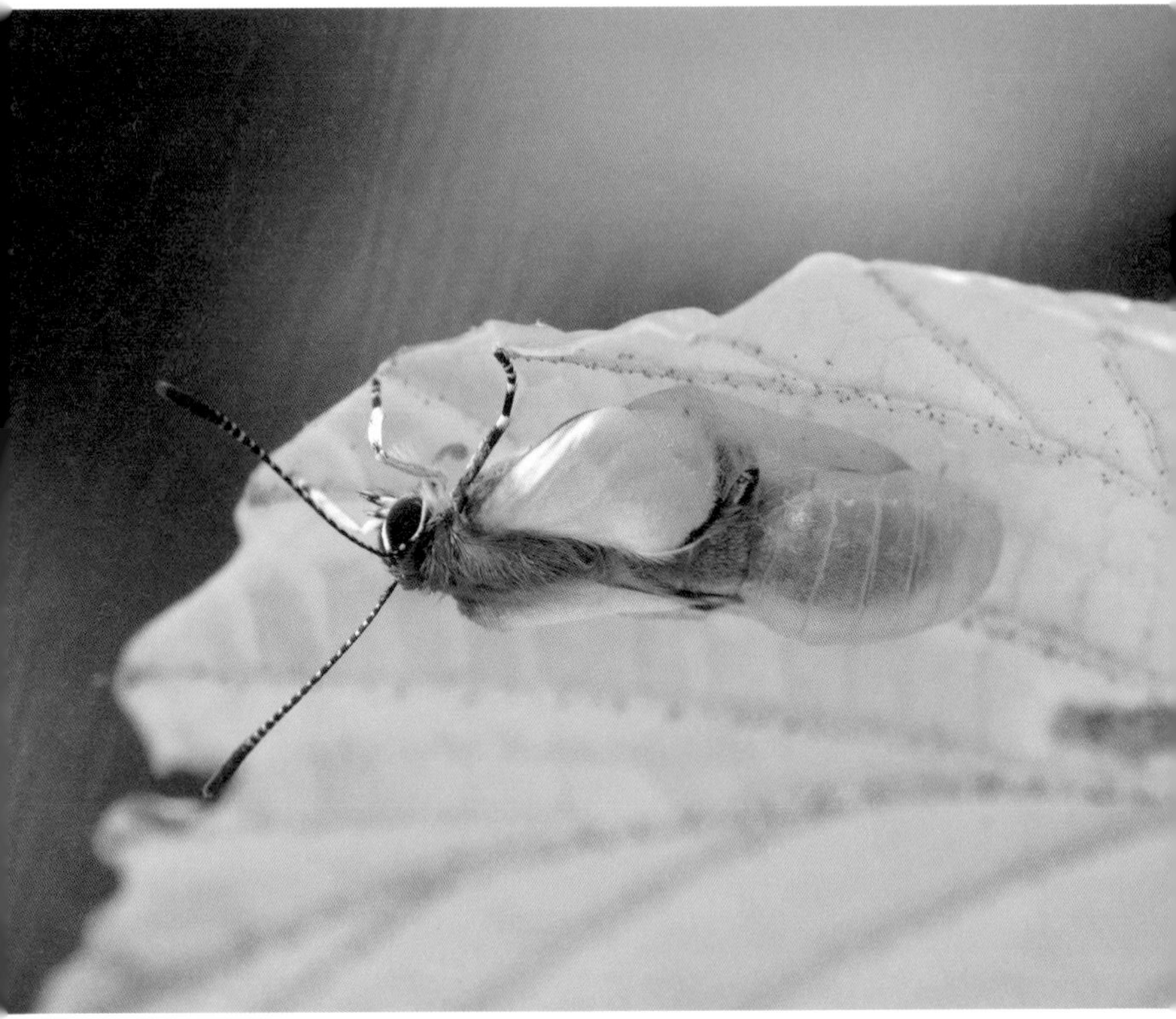

ウラクロシジミ *Iratsume orsedice*（青森県）

6月25日

真珠色

林道に点々と生えるマンサクの木ではウラクロシジミというゼフィルスが発生する。素朴な和名とは裏腹に、翅の表側が白く輝く。

カシワアカシジミ *Japonica onoi*（青森県）

6月26日

似て非なる

海岸のカシワ林にはカシワアカシジミがすんでいる。外見はアカシジミとよく似るが、昼過ぎに活動するのが特徴だ。日没前後に薄暗がりを飛ぶアカシジミとは勝手が異なり、太陽がジリジリと撮影中の肌を焼く。

メスアカミドリシジミ *Chrysozephyrus smaragdinus*（青森県）

6月27日

構造色

メスアカミドリシジミの金緑色の翅は、羽化直後、翅を伸ばす前の1分間ほど赤紫色に輝く。翅を濡らした体液が、光の屈折率を変えているのだろう。

メスアカミドリシジミ *Chrysozephyrus smaragdinus*（青森県）

6月28日

翌朝

朝早く、メスアカミドリシジミが下草にとまっていた。体毛や鱗粉は瑞々しく、羽化後そのまま夜を過ごしたものと思われた。ゆっくり翅を広げて日光浴すると、間もなく梢に向かって飛び去った。

アカシジミ *Japonica lutea*（青森県）

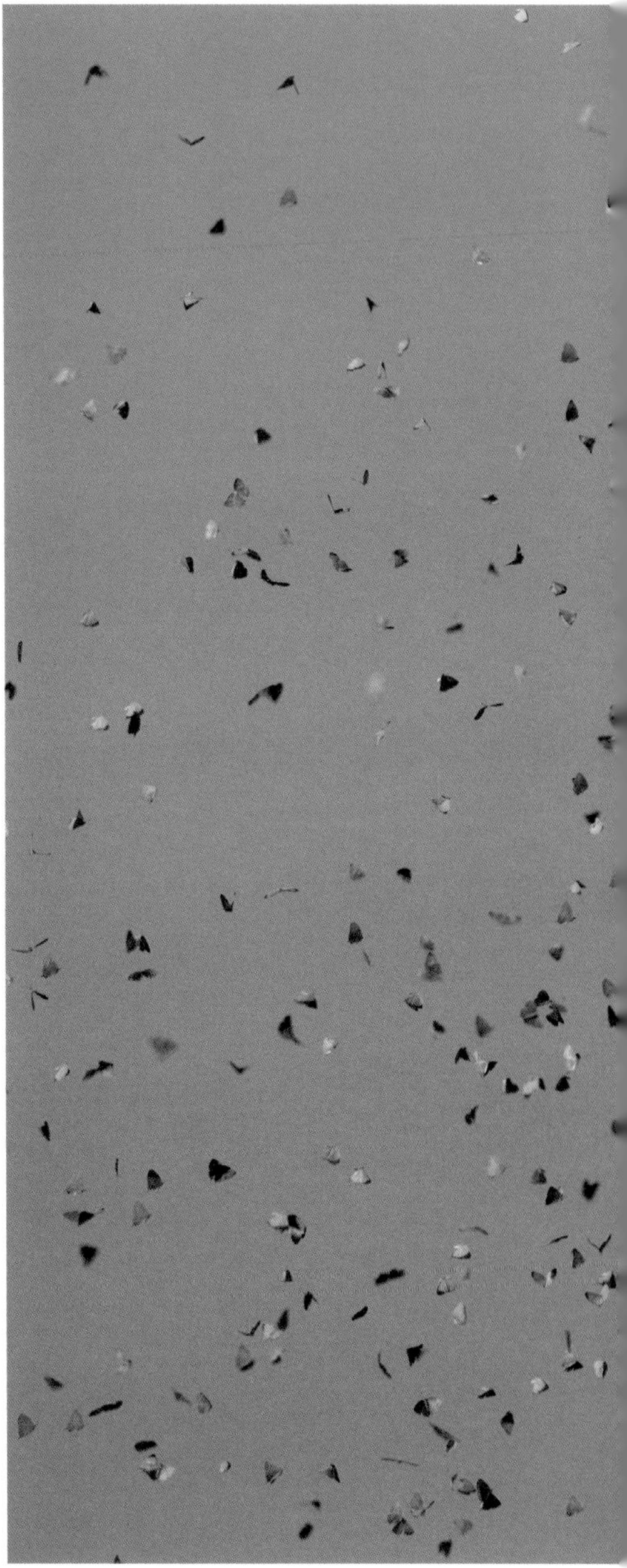

6月29日

大群飛

その光景を最初に見たのは2010年。夕方、おびただしい数のアカシジミが一帯を飛び交い、まるでオレンジ色の靄《もや》がかかったようだった。大発生はその後10年ほど続き、以来見ていない。

ヒメウラナミジャノメ *Ypthima argus*（青森県）

6月30日

通り雨

思いがけず雨に降られた。濡れるのも構わず活動を続けるヒメウラナミジャノメを横目に、車へと逃げ帰った。

ジョウザンミドリシジミ *Favonius taxila*（青森県）

7月1日

雨上がり

気温が低く、チョウの活動は鈍い。雨をやり過ごしたジョウザンミドリシジミが、じっと水滴に口を伸ばしていた。

ウラジロミドリシジミ *Favonius saphirinus*（青森県）

7月2日

伏兵

きれいなウラジロミドリシジミが目の前で翅を広げてとまった。間もなく現れたクロヤマアリが梢へと追い返してしまった。

キマダラルリツバメ *Spindasis takanonis*（岩手県）

7月3日

アリに育てられる

夕方近くに活動をはじめるキマダラルリツバメは、アリから口移しに与えられた餌で育つという変わった幼虫時代を過ごし、成虫になる。動きは敏捷でなかなか近づかせてくれない。

チョウセンアカシジミ *Coreana raphaelis*（岩手県）

7月4日

稲架木《はさぎ》

チョウセンアカシジミは、岩手、山形、新潟の一部にしか分布せず、しかも生息地の多くがすでに失われてしまった。ここでは、刈った稲をかけて乾かすための稲架木として植えられたトリネコの木を頼りに、田んぼの畔で細々と生き残っている。

アイノミドリシジミ *Chrysozephyrus brillantinus*（青森県）

7月5日

ミズナラ林の朝

朝、林道に光が当たりはじめると間もなく、アイノミドリシジミが現れた。オス同士は激しく追い掛け合い、繰り返し円を描くように飛ぶ。

ジョウザンミドリシジミ *Favonius taxila*（青森県）

7月6日

独壇場

いち早く現れたアイノミドリシジミが2時間ほどで姿を消し、ミズナラ林の陽だまりはジョウザンミドリシジミの独壇場となった。このチョウの活動は昼頃まで続く。

オオミスジ *Neptis alwina*（青森県）

7月7日

驚き

目の前にオオミスジが現れて思わずぎょっとする。このチョウは青森では少なく、めったに会えない。ぼろぼろに老いたオスだが、番う相手は見つけられたのだろうか。

アイノミドリシジミ *Chrysozephyrus brillantinus*（青森県）

7月8日

地味なメス

アイノミドリシジミはオスが金緑色に輝く一方、メスはそれに見合わないほど地味な姿をしている。オスが林道を激しく飛んでいる間も、メスは木陰でおとなしく過ごしあまり目立たない。

キバネセセリ *Burara aquilina*（岩手県）

7月9日

無人駅

夏の陽射しを避けてか、あるいは電車を待っているのか、待合室には先客のキバネセセリが休んでいた。外はひどく暑い。

ヒメキマダラセセリ *Ochlodes ochraceus*（岩手県）

7月10日

ローカル線

線路脇で咲く花にヒメキマダラセセリ、クモガタヒョウモン、スジボソヤマキチョウなど種々のチョウが集まっていた。日に何本かの列車が通るだけで、彼らの邪魔をするものは少ない。

オオモンシロチョウ *Pieris brassicae*（青森県）

7月11日

北方からの外来種

オオモンシロチョウは、1995年に日本への進入を果たしたヨーロッパ原産の外来種だ。まずロシア南東部に定着し、そこから北海道、東北へ飛んできたといわれる。寒い地域にしか生息せず、青森でも定着している地域は限られる。

ミドリシジミ *Neozephyrus japonicus*（青森県）

7月12日

紫色

羽化した瞬間のメスアカミドリシジミは赤紫色に輝くが、ミドリシジミは同じタイミングで真紫色の輝きを放つ。そして翅を伸ばし切るより前にみるみる変色し、間もなく深い緑色となる。

ウラキンシジミ *Ussuriana stygiana*（青森県）

7月13日

金色

木陰から飛び出したウラキンシジミが林縁の灌木にとまった。この日本固有のゼフィルスはいつも意表を突いて現れて、撮影する間もなく姿をくらます。和名の由来となっている翅色は、金色というには少し慎ましい。

ミズイロオナガシジミ *Antigius attilia*（青森県）

7月14日

雨曇り

空は雲に覆われ、小雨が降って薄暗い。暗がりを好むミズイロオナガシジミが林の縁からちらちらと飛び出した。

ウラギンヒョウモン *Fabriciana* sp.（岩手県）

7月15日

隣り合わせ

明け方の林道は雨に濡れていた。ササの葉の上にアマガエルが丸まっている。隣の葉にとまったウラギンヒョウモンは固まったようにじっと動かず、ただ気温が上がるのを待っているようだ。

7月16日

夕陽

津軽半島の海岸には、激しい潮風によって形成された背の低いカシワ林が広がる。夕方に飛ぶウラジロミドリシジミを追い掛けているうちに太陽はみるみる高度を落とした。

ウラジロミドリシジミ *Favonius saphirinus*（青森県）

ウスイロオナガシジミ *Antigius butleri*（青森県）

7月17日

木陰に潜む

真昼のミズナラ林を歩いていると、目の前にウスイロオナガシジミが飛び出した。このゼフィルスは本来、暗くなってから活動をはじめる。こうして時折、日中にも姿を見せるが、彼らにとっては気まぐれに過ぎないのだろう。

クロシジミ *Niphanda fusca*（秋田県）

7月18日

鳥海山

不安を覚えつつ秋田へ向かう。草原から見える景色は以前と変わらない。しかし目的のクロシジミはわずか数個体が飛んでいるだけだった。このチョウの行く末を案じずにはいられないが、生息地が残っていることにひとまず胸を撫で下ろした。

クロシジミ *Niphanda fusca*（秋田県）

7月19日

絶滅危惧

クロシジミは幼虫時代をクロオオアリの巣の中で過ごし、働きアリから与えられた餌を食べて育つ。そんな変わった生活史をもつこのチョウは各地で絶滅の危機に瀕している。

クジャクチョウ *Inachis io*（岩手県）

7月20日

山盛り

不自然によじれた葉を覗き込むと、クジャクチョウの卵が産み付けられていた。積み上げられた数百の卵は遠からず一斉に孵化することだろう。

アイノミドリシジミ *Chrysozephyrus brillantinus*（青森県）

7月21日

寿命

日陰に潜むアイノミドリシジミのメスを見つけた。このチョウのメスは長生きだ。ここからさらに1か月以上生きながらえて秋を待ち、ようやくできた冬芽に卵を産む。一方、連日激しく飛び交うオスは、もう間もなく死に絶える。

オオムラサキ *Sasakia charonda*（青森県）

7月22日

国蝶

日本の国蝶として知られるオオムラサキは、豪快な羽音をたてて真夏の広葉樹林に現れる。重く、硬く、そして大きいこのチョウの迫力に圧倒されずにはいられない。

キアゲハ *Papilio machaon*（青森県）

7月23日

酷暑

オカトラノオの花で蜜を吸うキアゲハが目に映り、車を停める。夏真っ盛りで陽射しは強く、車から降りるなりむせるような草いきれに包まれた。

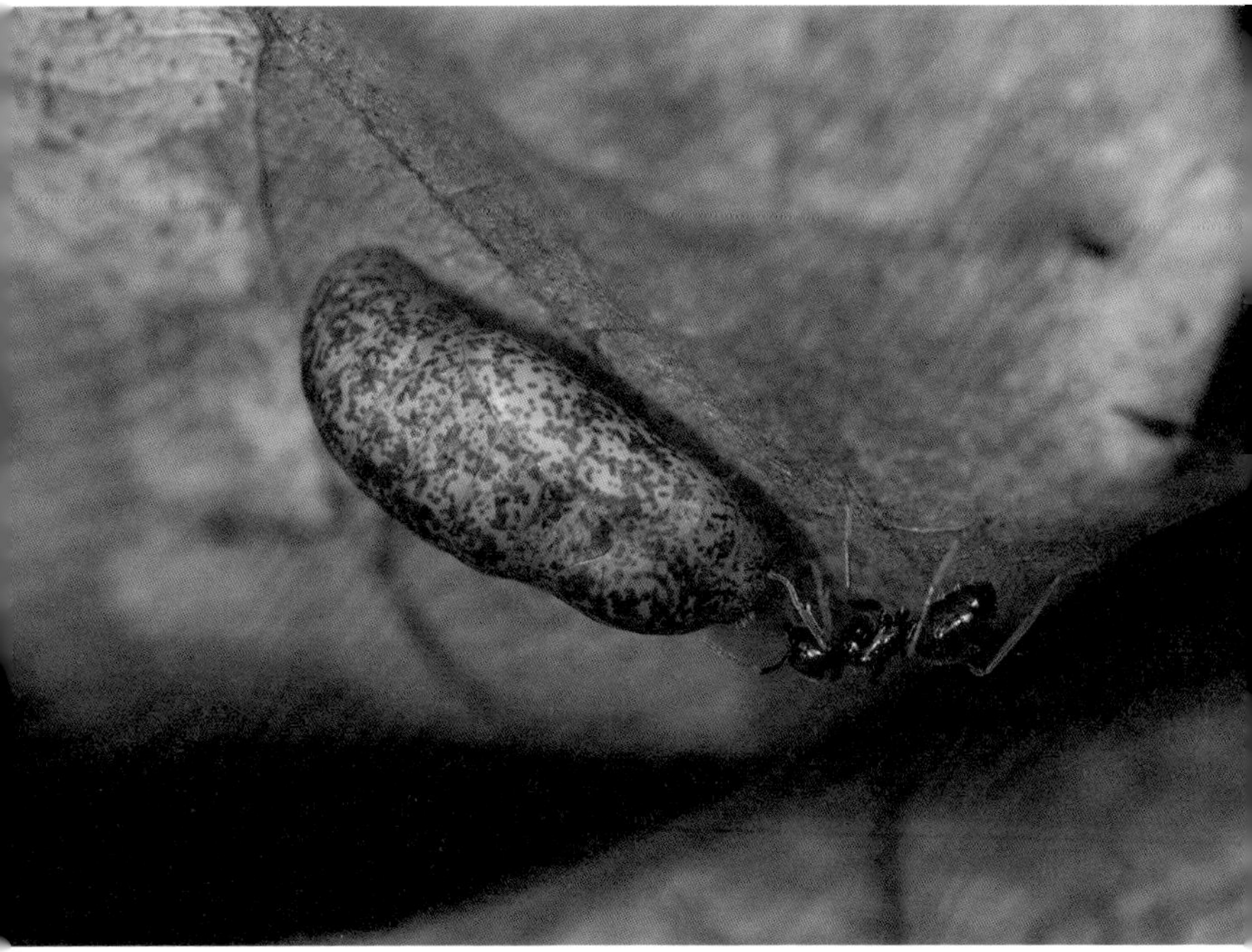

ムモンアカシジミ *Shirozua jonasi*（青森県）

7月24日

クロクサアリ営巣木にて

木の根元の枯れ葉にムモンアカシジミの蛹がついていた。通りすがりのクロクサアリが関心を示し、何をするでもなく立ち去っていく。

ムモンアカシジミ *Shirozua jonasi*（青森県）

7月25日

羽化とアリ避け

ムモンアカシジミの新成虫が這い出した。蛹まではとは一転、クロクサアリの猛攻を受ける。すぐに抜け落ちる脚の剛毛をデコイにして無防備な時間をやり過ごす。

ムモンアカシジミ *Shirozua jonasi*（青森県）

7月26日

短い夏

ゼフィルスの中で最も遅く出現するムモンアカシジミは、季節の移ろいを感じさせる。東北地方の夏は短く、秋が早足で迫ってくる。

キマダラモドキ *Kirinia fentoni*（岩手県）

7月27日

違和感

林を縫うように飛ぶ黄土色のチョウの正体はキマダラモドキだった。生息場所が限られるためあまり縁がなく、いまだに見慣れない。ありそうでなかなかない格子状の模様には、どこか作り物めいた不気味さを覚える。

スジグロチャバネセセリ *Thymelicus leoninus*（青森県）

7月28日

求愛

ノブドウの花にスジグロチャバネセセリが集まっている。遠巻きに様子を伺っていると、1匹のオスが求愛をはじめた。メスは翅を小刻みに震わせてそれを拒むと間もなく飛び去り、振られたオスだけが花に取り残された。

スミナガシ *Dichorragia nesimachus*（青森県）

7月29日

隠し玉

スミナガシの幼虫には、道化を連想させる長い角が生えている。しかしこの角を特別に誇示するようなことはせず、普段はむしろ隠すように顔を伏せ、じっと動かない。外敵に襲われたときに初めて用いる隠し玉なのかもしれない。

スミナガシ *Dichorragia nesimachus*（青森県）

7月30日

偶然

枯れ枝にぶら下がる蛹が目についた。食樹から離れて身を隠すことが多いチョウの蛹は狙って見つけるのが難しく、ちょっとした拾い物をしたような気持ちだ。虫食い穴の開いた枯れ葉を模したこの蛹からは、遠からず夏型のスミナガシが羽化するだろう。

オナガアゲハ *Papilio macilentus*（青森県）

7月31日

ネムノキ

港を望むネムノキの大木が花をつけ、多くのアゲハチョウの仲間で賑わっていた。クロアゲハが最も多く、そこに少数のオナガアゲハが混じっている。しばらくして太陽の光が強く照ると、日向を好まないオナガアゲハは姿を消した。

オオゴマダラ *Idea leuconoe*（石垣島）

8月1日 石垣島

青森から飛行機を乗り継ぎ、八重山諸島の石垣島を訪れた。ハマセンダンの木を見上げれば、ナミエシロチョウ、オオゴマダラなど、無数のチョウが花に集まっている。その中でオオゴマダラはひときわ大きく、ただ悠然と羽ばたいていた。

イワカワシジミ *Artipe eryx*（石垣島）

8月2日

憧れ

オオゴマダラの足元に佇む1匹のシジミチョウに目をとめ、息を呑む。間違いようがない、子供の頃に図鑑を見てからずっと焦がれていたイワカワシジミだ。若草色の翅をもつこのチョウは日本に似たものがなく、世界を見渡しても珍しい。憧れのチョウと出会う感動は筆舌に尽くしがたく、しばし呆然とした。

リュウキュウアサギマダラ *Ideopsis similis*（石垣島）

8月3日

雑草の花

島じゅうの道端にタチアワユキセンダングサが蔓延っている。この帰化植物が繁茂する現状は決して好ましくないだろう。しかし、その花を目当てにやってきたチョウが路傍を飛び交う様子は、さながら楽園のようにも見える。

マサキウラナミジャノメ *Ypthima masakii*（石垣島）

8月4日

島ならでは

マサキウラナミジャノメは八重山諸島の固有種だ。石垣島では幸いありふれた存在らしく、行く先々で出会えた。後翅に真っ白な模様が広がり、日本に生息するジャノメチョウの仲間で最も美しい。

ヤエヤマカラスアゲハ *Papilio bianor*（西表島）

8月5日

西表島

西表島へと渡った。赤いハイビスカスで蜜を吸うチョウの姿は南国の情緒を感じさせる。花には多数のヤエヤマカラスアゲハが集まっていたが、メスはその中に1匹しかいなかった。しばらくしてメスが飛び去ると、次第にオスも散っていった。

コノハチョウ *Kallima inachus*（西表島）

8月6日

偽の木の葉

こちらに驚いたコノハチョウが深い藪の中へとすばやく逃げ込む。そして細枝にとまると、翅を閉じて固まった。以降は試しに驚かせてみても微動だにせず、まさしく木の葉になりきった様子だった。

コノハチョウ *Kallima inachus*（沖縄島）

8月7日

木の葉の表

沖縄島北部の山原と呼ばれる地域には深い樹林帯が広がっている。小雨がぱらつく樹林を進むと、濡れた幹にとまったコノハチョウがゆっくりと羽ばたいていた。翅を閉じて木の葉になりきる姿からは打って変わり、鮮やかな翅の表を誇っているように見えた。

クロセセリ *Notocrypta curvifascia*（沖縄島）

8月8日

口吻

暗い樹林の中からセセリチョウの仲間やジャノメチョウの仲間が飛び出し、また林の奥へと帰っていく。木漏れ日に照らされた花にはクロセセリが集まり、ひときわ長い口吻を持て余し気味に振り回して蜜を吸っていた。

シロオビアゲハ *Papilio polytes*（沖縄島）

8月9日

路傍のチョウ

路傍をシロオビアゲハが飛び交い、ところどころでオスがメスを追っていた。暖地を好むこのチョウは、日本では南西諸島以外で見られない。アゲハチョウの仲間としてはやや小ぶりで、膝丈ほどの高さをゆっくり飛ぶ。

フタオチョウ *Polyura weismanni*（沖縄島）

8月10日
山頂での出会い

土地勘がないため、でたらめに山頂を目指して歩いた。異性との出会いを求めて山頂に集まるチョウは少なくない。たどりついた山頂は見晴らしが良く、遠くの枝先にとまって辺りを占有するフタオチョウが見えた。沖縄の固有種で、日本本土はもちろん、八重山諸島でも見られない。

フタオチョウ *Polyura weismanni*（沖縄島）

8月11日

旅行最終日

空港へと向かう道すがら立ち寄った登山道に思いがけずフタオチョウが現れた。翅はくたびれ2対の尾も失われているものの、大きく立派なメスだ。こちらに構わず地面に口を伸ばし続けるこのチョウを、飛行機の時間ぎりぎりまで撮影した。

カバイロシジミ *Glaucopsyche lycormas*（青森県）

8月12日

海

風光明媚な青森県北端部の海岸に、人の気配は少ない。砂利に根を張るヒロハノクサフジは波打ち際の近くにまで勢力を伸ばしていた。それを食草とするカバイロシジミが、静かな浜を賑やかに飛んでいた。

ゴマダラチョウ *Hestina persimilis japonica*（青森県）

8月13日

夏のエノキ

エノキの葉は、ハムシの仲間の食痕でぼろぼろになっていた。その上空をゴマダラチョウが飛び交っている。夏型のゴマダラチョウは、6月に見られた春型より少し小ぶりで、白黒のコントラストが眩しい。

ゴマシジミ *Phengaris teleius*（青森県）

8月14日

竜飛崎

津軽半島の北端、竜飛崎を訪れた。主に山地の草原に生息するゴマシジミが、ここでは岩崖の草つきにすんでいる。激しい潮風にさらされる岬の環境は険しく、眼下では津軽海峡の潮流がうねっていた。

キアゲハ *Papilio machaon*（青森県）

8月15日

津軽海峡の眺め

竜飛崎の岩崖上をキアゲハが飛んでいた。海岸ではエゾニュウなどのセリ科植物が自生し、それを食草とするキアゲハがよく見られる。晴れて視界が良く、津軽海峡の向こうにはうっすらと北海道が見えた。

ゴイシシジミ *Taraka hamada*（青森県）

8月16日

宴

鬱蒼とした林の中はササで覆われていた。葉の裏側では白い粉を吹いたアブラムシがコロニーをつくり、そこにゴイシシジミが集まっている。ゴイシシジミは、幼虫時代にこのアブラムシを捕食して育ち、成虫もこのアブラムシの分泌物を好んで舐める。

コムラサキ *Apatura metis*
スミナガシ *Dichorragia nesimachus*（青森県）

8月17日

奪い合い

ヤナギの幹につけられたシロスジカミキリの産卵痕から樹液が染み出し、そこにコムラサキが集まっていた。遅れて現れたスミナガシがコムラサキを蹴散らして樹液を独占した。

スミナガシ *Dichorragia nesimachus*（青森県）

8月18日

暗い林の中で

沢沿いのアワブキを食樹とするスミナガシは、山間の湿った林に現れる。光に照らされた翅は深い青緑色に輝くが、暗い林の中では黒く沈み、意外なほど目立たない。

オオウラギンスジヒョウモン *Argyronome ruslana*（青森県）

8月19日

オカトラノオ

季節が進んだミズナラの林に、アイノミドリシジミやジョウザンミドリシジミなどといった緑色に輝くゼフィルスの姿はない。林の中で咲くオカトラノオには、1匹のオオウラギンスジヒョウモンが訪れていた。

ヒメジャノメ *Mycalesis gotama*（青森県）

8月20日

変色

道路脇のイネ科植物にヒメジャノメの蛹がぶら下がっていた。緑色の蛹は、内部に黒褐色の翅ができあがる過程で桃色に色付き、模様が薄く浮かび上がっている。羽化まであと数日といったところだろう。

カラスアゲハ *Papilio dehaanii*（青森県）

8月21日

雨の林道

空はどんよりと曇り、小雨がぱらつく。薄暗い林道にチョウの姿は少ない。そんな中、浅い水たまりで1匹のカラスアゲハが水を吸っていた。悪天にもかかわらず活発で、雨に濡れた私より元気そうに見えた。

ゴマシジミ *Phengaris teleius*（青森県）

8月22日

アリを捕食する

ゴマシジミは幼虫時代、アリの巣の中でその幼虫を捕食して育つ。各地で激減し絶滅が危惧される地域も少なくないが、日本有数の多産地域として知られる青森には生息地がまだ残されている。

ゴマシジミ *Phengaris teleius*（青森県）

8月23日

求愛を拒む

ゴマシジミのオスがメスの後方にとまり、求愛をはじめた。メスは翅を広げながら腹部を持ち上げて求愛を拒否すると、間もなく飛び去った。草原では多くのゴマシジミが飛び交っていた。

ゴマシジミ *Phengaris teleius*（青森県）

8月24日

高密度

ゴマシジミは各地で激減しているが、条件の良い生息地では本来高密度に発生するチョウだ。生息地の草原に足を踏み入れると、この青く大きなシジミチョウが次々に飛び出す。

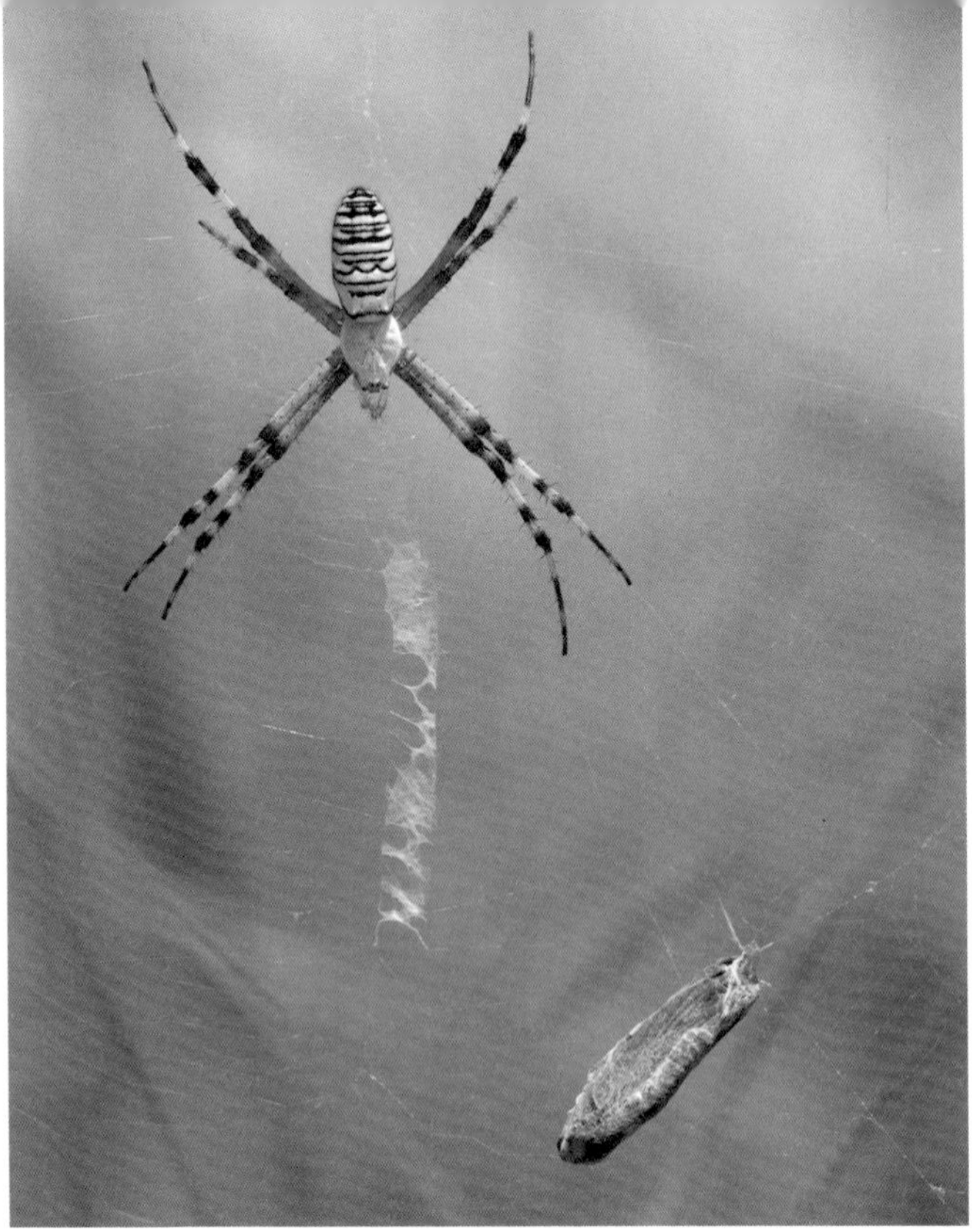

ゴマシジミ *Phengaris teleius*（青森県）

8月25日

クモの巣

ナガコガネグモの網にゴマシジミが捕らえられていた。この時期、この草原で最も多く網にかかる昆虫はゴマシジミなのかもしれない。糸に巻かれたゴマシジミは、もう動いていなかった。

ゴマシジミ *Phengaris teleius*（青森県）

8月26日

夏の終わり

1匹のゴマシジミがナガボノシロワレモコウの花穂にとまって日没を迎えていた。このまま眠って明日を待つのだろう。ゴマシジミの出現とともに山地の短い夏が終わる。空にはうろこ雲が浮かんでいた。

ツマジロウラジャノメ *Lasiommata deidamia*（青森県）

8月27日

崖のチョウ

切り立った岩崖の遠く高いところをツマジロウラジャノメのメスが飛んでいた。呆然と見上げていると、じわじわと高度を下げ、地上4〜5mほどの崖面に生えたホツツジの花にとまった。

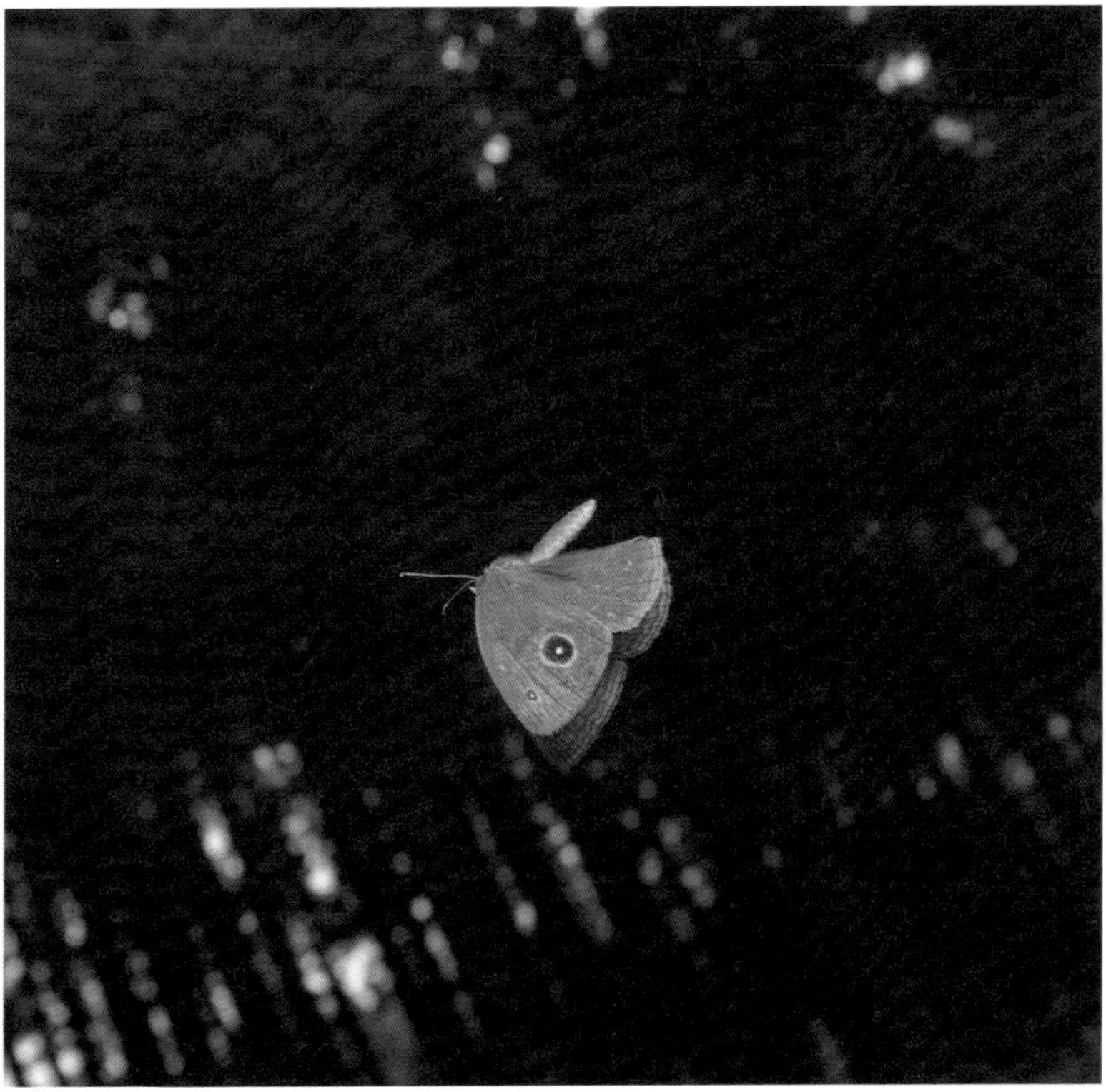

ヒメジャノメ *Mycalesis gotama*（青森県）

8月28日

曇天

空が厚い雲に覆われると、鬱蒼とした林の中からヒメジャノメが飛び出した。陰地を好むジャノメチョウの仲間は、日が陰ると行動範囲を林の外に広げて目立つようになる。ヒメジャノメは小雨が降りはじめても活動を続けていた。

アオスジアゲハ *Graphium sarpedon*（青森県）

8月29日

残暑

山地の夏は終わりを迎えつつあるが、平地ではまだ暑さが残り、夏のチョウが活動を続けている。青森県南西部の海岸地帯では、斜面を覆うヤブガラシが花をつけ、そこにアオスジアゲハが集まっていた。

アオスジアゲハ *Graphium sarpedon*（青森県）

8月30日

変化

アオスジアゲハはもともと青森県に分布しなかったが、２００7年以降、南西部の海岸地帯に定着している。この地域は対馬暖流の影響を強く受けて暖かく、アオスジアゲハの食樹となるタブノキの自生北限にもなっている。

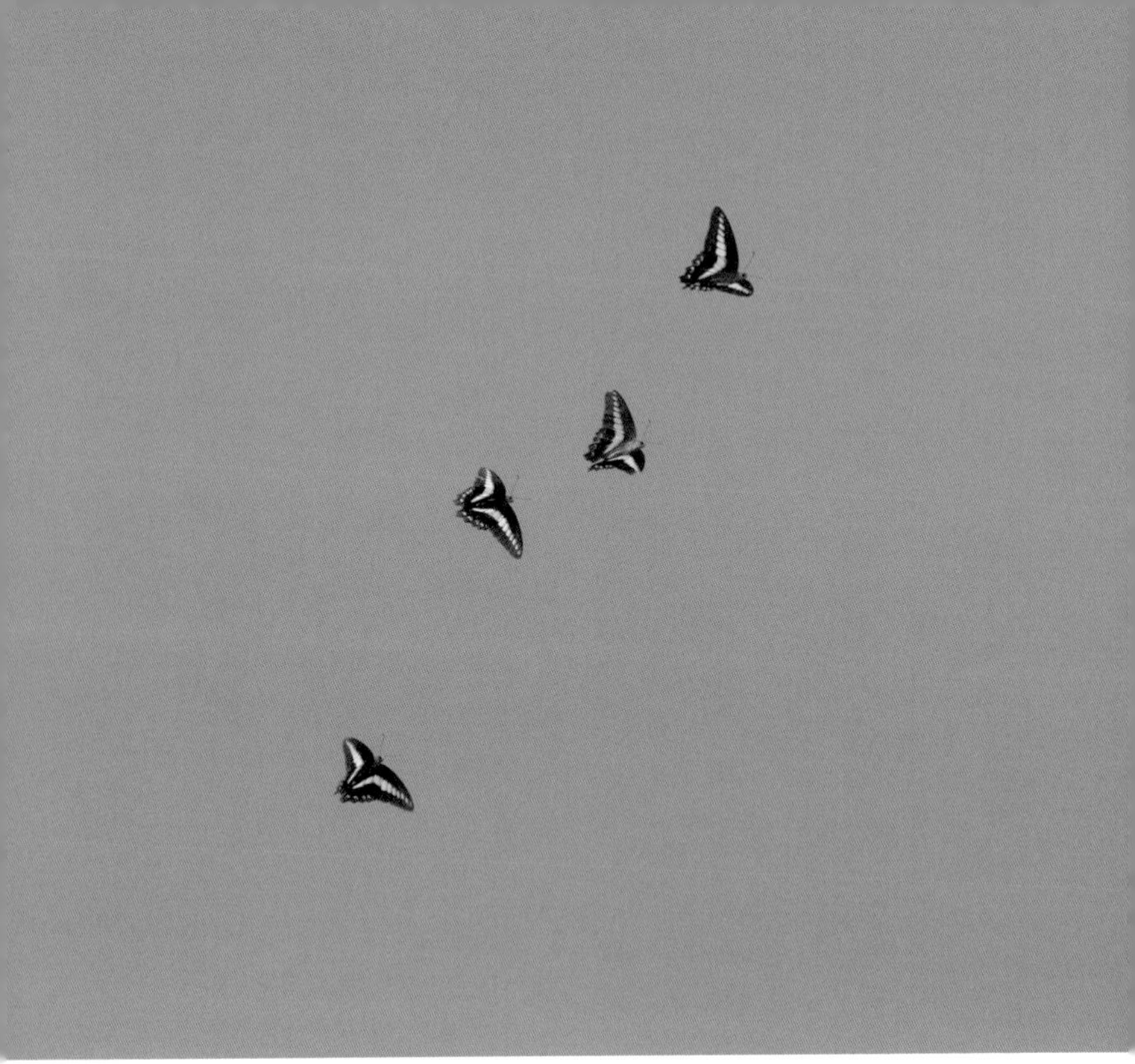

アオスジアゲハ *Graphium sarpedon*（青森県）

8月31日

追飛

ヤブガラシのまわりを飛び交っていたアオスジアゲハが次第に連なって4匹集まり、くるくると絡み合いながら空高く昇っていった。メスとそれを追うオスたちなのだろう。アオスジアゲハの半透明な青い帯が青空に映えていた。

ミドリヒョウモン *Argynnis paphia*（青森県）

9月1日

ノリウツギ

林の中で咲くノリウツギの花にヒョウモンチョウの仲間が集まっていた。半数以上はミドリヒョウモンで、次いでオオウラギンスジヒョウモンが多く、わずかにクモガタヒョウモンが混じっていた。

クモガタヒョウモン *Nephargynnis anadyomene*（青森県）

9月2日

夏眠

クモガタヒョウモンは、ヒョウモンチョウの仲間の中で最も出現が早く初夏には羽化を済ませているが、盛夏期にはほとんど活動しない。暑さが和らいだこの時期に再び現れ、ようやく産卵をはじめる。

アサギマダラ *Parantica sita*（青森県）

9月3日

渡りをするチョウ

ノリウツギの花に群れるチョウの中にアサギマダラを見つけた。アサギマダラは南方の暖かい地域でしか越冬できないが、春から夏にかけて北上し、長距離の渡りを経て毎年北日本までやってくる。そしてこれからの季節は南へと帰っていく。

オオヒカゲ *Ninguta schrenckii*（青森県）

9月4日

いつの間に

オオヒカゲと出会うのは久しぶりだ。以前は探さずともたびたび見かけるチョウだったのに、気付かないうちに随分数を減らしたらしい。目の前に現れたオオヒカゲの翅はすっかりくたびれていた。

キベリタテハ *Nymphalis antiopa*（青森県）

9月5日

越冬タテハ

初秋の山で見られるチョウの種類は少ないが、成虫での越冬を控えたタテハチョウの仲間がよく目立つ。ダケカンバ林に面した露岩地では、キベリタテハが日光浴していた。

エルタテハ *Nymphalis vaualbum*（青森県）

9月6日

体を温める

エルタテハが露岩地に現れ、キベリタテハとともに日光浴をはじめた。気温が低いためか午前中はあまり動かず、石の上にとまって翅を広げ、ひたすら体を温めているようだった。

エルタテハ *Nymphalis vaualbum*（青森県）

9月7日

ダケカンバ

ダケカンバの樹液を訪れたのは、昨日、石の上で体を温めていたエルタテハだろうか。幼虫時代にはダケカンバの葉を食べて育ち、成虫もその樹液をよく好む。

キベリタテハ *Nymphalis antiopa*（青森県）

9月8日

黄縁

地面で口吻を伸ばしていたキベリタテハは、羽化後間もない新成虫のようだった。和名の由来となっている翅の黄色い縁取りが美しい。この縁取りは日ましに褪色し、春には白くなってしまう。

クジャクチョウ *Inachis io*（青森県）

9月9日

極彩色

山地で咲く花にクジャクチョウの新成虫が集まっていた。傷ひとつない翅は鮮やかに赤く、目玉模様の水色は輝いている。このチョウもこれから成虫で冬を越し、翌年の春を待つ。

ヒメシロチョウ *Leptidea amurensis*（青森県）

9月10日

夏型

秋世代のヒメシロチョウの羽化が盛期を迎えていた。夏以降に羽化するヒメシロチョウは、翅頂が黒い夏型となる。食草のツルフジバカマは花盛りにあり、その花をヒメシロチョウがよく訪れていた。

ヒメシロチョウ *Leptidea amurensis*（青森県）

9月11日

メスを追う

ヒメシロチョウのオスが、口吻を伸ばしながらメスを追いかけている。このあと2匹は草むらの中で向かい合ってとまり、オスが口吻を振り回してメスの体を撫でる特有の求愛をはじめた。

ヒメシロチョウ *Leptidea amurensis*（青森県）

9月12日

天敵

ヒメシロチョウのメスが目の前でオオカマキリに捕らえられた。捕食者は5分ほどで獲物の胴体を食べ尽くし、翅だけ残すと地面に捨てた。

ヒメシロチョウ *Leptidea amurensis*（青森県）

9月13日

危うい

ヒメシロチョウは各地で生息地が失われ危機的な状況にある。かろうじて発生を続けているこの場所も、工事現場とそれに接した狭い草地で、危うさを感じずにはいられない。

モンキチョウ *Colias erate*（青森県）

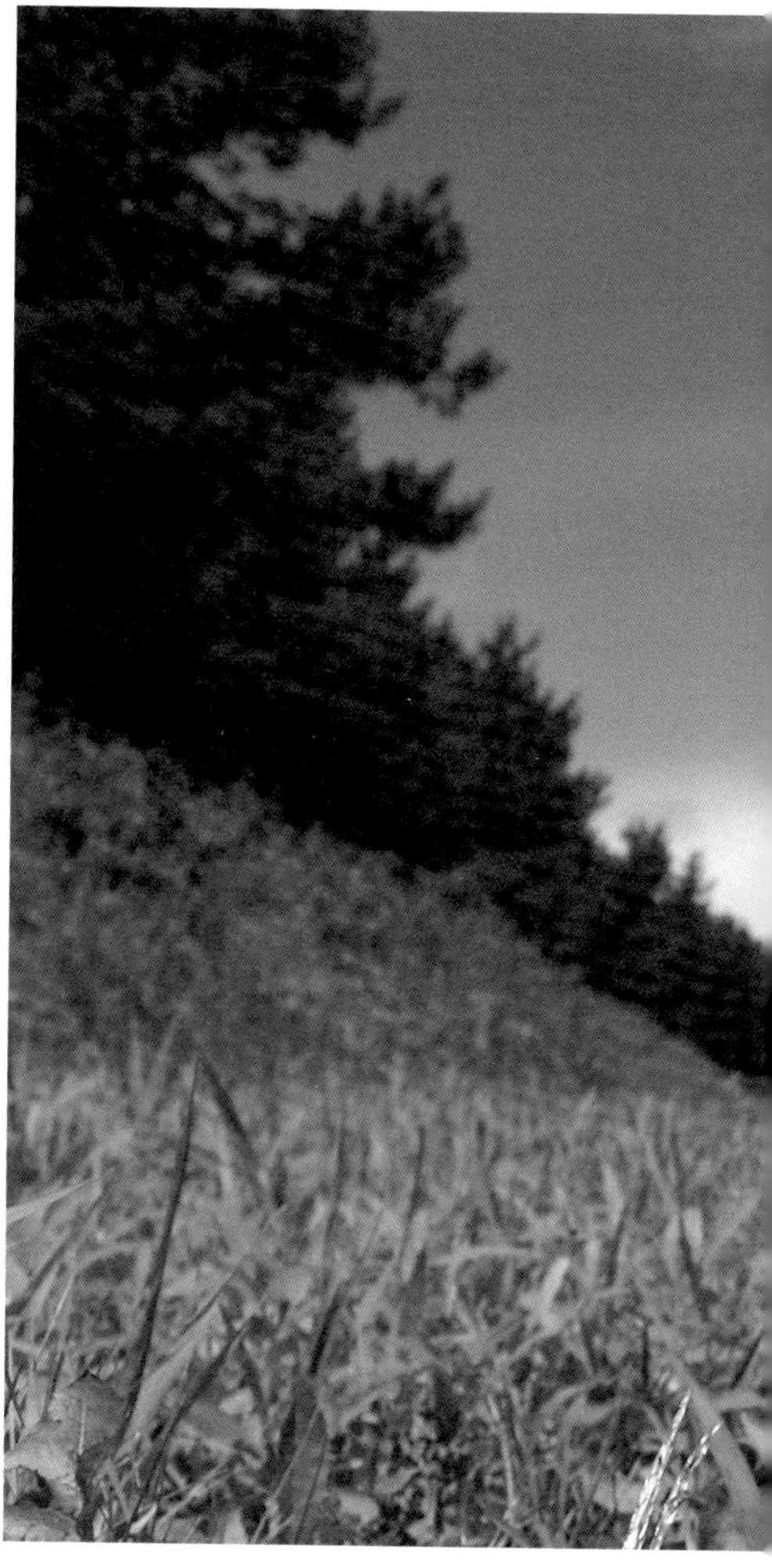

9月14日

求愛飛翔

黄色いオスが白いメスの前方へと回り込む独特の求愛飛翔を、草地のあちらこちらで繰り返していた。春の比較的早い時期から羽化がはじまるこのチョウは、一年に数回の発生を繰り返し、秋遅くまで活動し続ける。

アオスジアゲハ *Graphium sarpedon*（青森県）

9月15日

境内

神社の境内のタブノキで、アオスジアゲハの蛹を見つけた。葉の裏側に似た質感の蛹は、周囲と同化して目立たない。後日この場所を再訪すると蛹は無事抜け殻になっていた。

アオスジアゲハ *Graphium sarpedon*（青森県）

9月16日

タブノキ

蛹を見つけた神社のタブノキに、大きな幼虫もついていた。アオスジアゲハは新芽に卵を産むが、北限のタブノキはあまり新芽を伸ばせないようで、幼虫の見られる木は限られている。

ジョウザンミドリシジミ *Favonius taxila*（青森県）

9月17日

長命

ジョウザンミドリシジミはメスだけが長く生き残り、この季節になってようやく卵を産む。羽化から2か月ほどを生き抜いた体はすでにぼろぼろだ。

ルリシジミ *Celastrina argiolus*（青森県）

9月18日

ハギの花

ルリシジミの幼虫は様々な植物を食べ、餌によって体色を変える。白い花や実を食べれば白っぽく、緑の実を食べれば緑色になるらしい。道路脇でハギの花を食べていたルリシジミの幼虫は、鮮やかな紫色だった。

アゲハ *Papilio xuthus*（青森県）

9月19日

世代交代

平地にも秋が訪れ、夏のチョウは次第に数を減らしている。海岸近くのアザミにやってきたアゲハは翅が傷んでいた。この次の世代は今年中に羽化できず、蛹で冬を越すことになるだろう。

クジャクチョウ Inachis io（青森県）

9月20日

ヒャクニチソウ

花壇のヒャクニチソウにクジャクチョウがやってきた。山地にすむこのチョウを平地で見るのは久しぶりだ。ふと小学生の頃、このチョウが一度だけ通学路に現れたことを思い出した。そのときは帽子を網の代わりにして追いかけたが、もちろん手も足も出なかった。

ゴマシジミ *Phengaris teleius*（青森県）

9月21日

招かれる捕食者

シワクシケアリが咥えているのはゴマシジミの幼虫だ。巣に運び込まれた幼虫は、背中から出す蜜などでアリを手懐け、巣の中の生活に溶け込んでしまう。そして翌夏まで、アリの幼虫を捕食し続ける。

ゴマシジミ *Phengaris teleius*（青森県）

9月22日

草食から肉食へ

ゴマシジミの幼虫は孵化してしばらく草食で、ナガボノシロワレモコウの花穂を食べる。そして体長4㎜ほどに育つと花穂から離れてアリの巣へと運び込まれ、それを境にアリの幼虫を捕食する肉食性に切り替わる。

クロコノマチョウ *Melanitis phedima*（埼玉県）

9月23日

残暑の関東

久しぶりに訪れた関東は厳しい残暑の中だった。常緑の木々が変わらず青々と茂っている。樹液が染み出しているクヌギの木のまわりには、クロコノマチョウが集まっていた。

ヒカゲチョウ *Lethe sicelis*（神奈川県）

9月24日

日本固有種

谷戸の竹林をヒカゲチョウが飛んでいた。関東で身近に見られるこのチョウは、実は日本固有種で、しかも青森では限られた山地にしか生息しない。初めて見るヒカゲチョウは、紫色の幻光が輝いて想像より美しかった。

アカボシゴマダラ *Hestina assimilis assimilis*（東京都）

9月25日

蔓延

関東に移入されたアカボシゴマダラはすっかり蔓延している。道端に生えたエノキの幼木には多数の幼虫がついていた。同じくエノキを食樹とする在来のゴマダラチョウよりも幼木やひこばえを好み、大きな木がなくても発生できてしまうらしい。

コムラサキ *Apatura metis*（愛知県）

9月26日

秋世代

名古屋近郊の緑地ではコムラサキがよく見られた。時期と地域から考えて、今年に入って3〜4世代目の成虫にあたるだろう。青森のコムラサキは基本的に年一度しか現れない夏のチョウだから、なんだか不思議な感じがする。

ヒメシロチョウ *Leptidea amurensis*（青森県）

9月27日

枯れ色の食草

季節が進み、ヒメシロチョウの成虫は数を減らしていた。わずかに枯れ色を帯びて水気を失いつつあるツルフジバカマの葉では、ヒメシロチョウの幼虫が食事の真っ最中だ。

ヒメシロチョウ *Leptidea amurensis*（青森県）

9月28日

蔓と蛹

ツルフジバカマの蔓を少しずつ手繰り寄せると、ヒメシロチョウの蛹がついてきた。細長く尖った蛹は透明感があって美しい。蛹はおそらくこのまま冬を越し、翌春の羽化に備える。

ツバメシジミ *Everes argiades*（青森県）

9月29日

トビイロケアリ

ツルフジバカマの蔓にツバメシジミの幼虫を見つける。ツバメシジミは大きく育った幼虫で越冬するらしい。その背中に、護衛のトビイロケアリが乗っていた。

キタテハ *Polygonia c-aureum*（青森県）

9月30日

秋型

海岸近くの休耕田にキタテハが集まっていた。この時期に羽化する秋型のキタテハは、翅が枯れ葉のような赤茶色になる。成虫で越冬するこのチョウはもうしばらく活動を続ける。

ヒメアカタテハ *Vanessa cardui*（青森県）

10月1日

キバナコスモス

畑の隅に咲くキバナコスモスの花は、肌寒い秋の風で揺れていた。わずかに晴れ間が覗くと、それまで不活発だったヒメアカタテハがやにわに飛び出し、蜜を吸いはじめた。

ヒメアカタテハ *Vanessa cardui*（青森県）

10月2日

無謀な越冬

ヒメアカタテハは秋に個体数が多くなる。一方、春に見られることは珍しく、果たして青森で越冬できているのかわからない。少なくとも、こうして見られる個体とその子供のほとんどが春を迎えることなく死滅するはずだ。

ヤマトシジミ *Zizeeria maha*（青森県）

10月3日

北上進入

ヤマトシジミは東南アジアの赤道地帯まで分布する暖地性のチョウだ。もともと青森県には分布しなかったが、2000年に南西部の海岸地帯へと北上進入し、以降定着している。近年では弘前市など内陸の市街地でも見かけるようになった。

ヤマトシジミ *Zizeeria maha*（青森県）

10月4日

分布拡大と気候変動

ヤマトシジミに限らず、近年になって分布を北に広げた昆虫は少なくない。地球温暖化や都市化による気候変動の影響を受けているのだろう。

ヤマトシジミ *Zizeeria maha*（青森県）

10月5日

秋に飛ぶチョウは

急な寒波による全滅を避けるためか、北国のチョウは秋が深まる前に姿を消して休眠する。この季節になっても活動を続けているチョウは、ヤマトシジミなど、もともと暖かい地域にすむ種類ばかりだ。

イチモンジセセリ *Parnara guttata*（青森県）

10月6日

秋の漁村

イチモンジセセリの越冬地は関東地方以南の暖かい地域に限られるが、数世代の発生を繰り返しながら各地へ分散し、毎年秋には北日本でも見られるようになる。すっかり秋めいた漁村を飛ぶチョウは、イチモンジセセリとヤマトシジミだけだった。

クロアゲハ *Papilio protenor*（青森県）

10月7日

裸のカラスザンショウ

民家に植えられたカラスザンショウの木は、葉がほとんど食べ尽くされていた。夏の間、アゲハチョウの仲間が多く発生したのだろう。幹にはまだ食べ盛りのクロアゲハの幼虫がぽつんと取り残されていた。

アゲハ *Papilio xuthus*（青森県）

10月8日

寄生

カラスザンショウの近くのブロック塀でアゲハの蛹を見つけた。しかしよく見ると、その背中に乗った小ぶりな寄生蜂が、しきりに産卵管を刺して卵を産み付けている。蛹の命運は尽きたらしい。

ミヤマカラスアゲハ *Papilio maackii*（青森県）

10月9日

キハダ

キハダの木にはミヤマカラスアゲハの幼虫がついていた。もうすぐ移動して蛹になり、そのまま冬を越すことになる。葉は微かに黄色を帯びて、落葉の時期が迫っていた。

モンキチョウ *Colias erate*（青森県）

10月10日

晩秋まで

寒い地域にすむチョウの多くは、比較的早い季節に越冬準備を済ませ、秋が深まる前には姿を消してしまう。しかしモンキチョウは例外的に長く成虫が生き残り、天気の良い日であれば11月にも見られる。

ゴマダラチョウ *Hestina persimilis japonica*（青森県）

10月11日

冬を待つ

中齢まで育ったゴマダラチョウの幼虫は、このあと冬が近付くと地面に下り、脱皮なしに体色を変えて枯葉色になる。そしてエノキの根元の落ち葉の裏などに潜み、冬を越す。

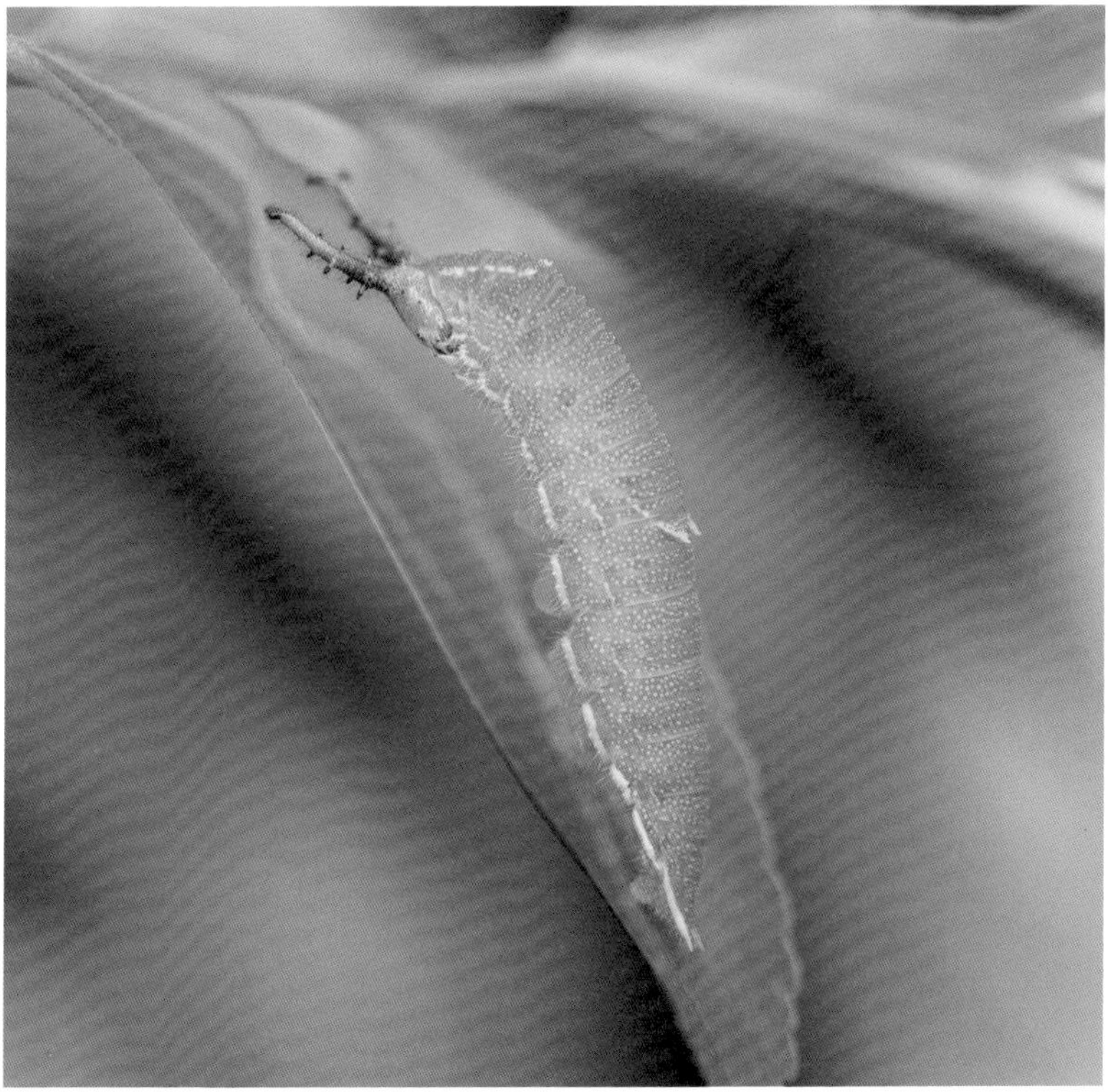

ゴマダラチョウ *Hestina persimilis japonica*（青森県）

10月12日

死を待つ

終齢まで育ったゴマダラチョウの幼虫がいた。この種は中齢幼虫でしか冬を越すことができないため、この季節に大きくなってしまうと子孫は残せない。ちょっとした成長の違いが生死を分ける。

ツマグロヒョウモン *Argyreus hyperbius*（青森県）

10月13日

迷チョウ

ツマグロヒョウモンは本来、北日本には分布しないが、稀に迷チョウとして飛来する。園芸植物のパンジーなどで発生するこのチョウは、近年の気候変動とガーデニングブームによって生息域を広げているらしく、青森への飛来も以前ほど珍しくはなくなった。

ツマグロヒョウモン *Argyreus hyperbius*（青森県）

10月14日

片道切符

ツマグロヒョウモン、イチモンジセセリ、ウラナミシジミなどの南方から飛来するチョウは、片道切符で北国までやってくる。ツマグロヒョウモンが草むらに潜り込んで卵を産んでいたが、この卵が冬を越えて育つことはおそらくない。

ウラナミシジミ *Lampides boeticus*（青森県）

10月15日

豆畑

無数のウラナミシジミが豆畑を飛んでいた。このシジミチョウも南の暖かい地域でしか越冬できないが、世代を繰り返しながら各地に分散し、秋には北日本まで到達する。かつては青森まで到達しない年が多かったものの、近年ではほぼ毎年見られる。

ヤマトシジミ *Zizeeria maha*（青森県）

10月16日

異常型

このシジミチョウは、翅の黒点が帯状に拡大したヤマトシジミの斑紋異常型だ。2000年代前半の青森ではこうした異常型がなぜか高頻度に出現していた。頻度は低くなったものの、今でも稀に姿を現す。

10月17日

宝探し

ヤマトシジミの異常型が多く見られたのは私の子供時代の話だが、今でも宝探しのような気持ちで異常型を探してしまう。黒点が消失してほぼ無地になるものから、こんなふうに一部あるいはすべての斑紋が広がって帯状になるものまで、様々な個体が見つかる。

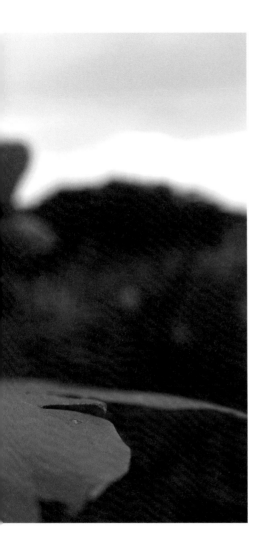

ヤマトシジミ *Zizeeria maha*（青森県）

ヤマトシジミ *Zizeeria maha*（青森県）

10月18日

秋の暮れ

秋深くまで見られるヤマトシジミも、ぼろぼろの個体が増えてきた。次の世代は幼虫で冬を越すことになるだろう。ヤマトシジミは一年の中で数世代の発生を繰り返し、夏以降に個体数が多くなる。しかし越冬時の死亡率が高く、春を迎えられる個体はとても少ない。

コミスジ *Neptis sappho*（青森県）

10月19日

落葉を待つ

きのこ狩りからの帰り道、クズの葉につく芋虫を見つけた。越冬を控えたコミスジの終齢幼虫だ。この幼虫は葉に乗ったままで落葉を待ち、落ちた葉でそのまま冬を越す。そして春になると餌を食べることなく蛹になる。

クロアゲハ Papilio protenor（青森県）

10月20日

冬を目前に

カラスザンショウの枝に同化した蛹がひとつ。このクロアゲハは、羽化まで残り半年近くをここで過ごすことになるだろう。長く厳しい冬を越えられるだろうか。

ウラギンクロボシルリシジミ *Ancema blanka*（中国雲南省）

10月21日

中国雲南省

冬が迫りチョウが見られなくなった日本を離れ、中国雲南省南端のラオス国境に位置するシーサンパンナ・タイ族自治州へと渡った。温暖湿潤な熱帯雨林の広がるこの地域には、インドシナ半島などの熱帯アジアと共通するチョウが多く生息している。

コシロウラナミシジミ *Jamides celeno*（中国雲南省）

10月22日

垂れた触角

林の縁にはコシロウラナミシジミが多く飛んでいた。コシロウラナミシジミとその近縁種は東南アジアでよく見られ、特に熱帯域で種数が多い。この仲間の特徴である先端の垂れた触角が可愛らしい。

バナナセセリの一種 *Erionota* sp.（中国雲南省）

10月23日

バナナの葉巻

道路脇に植えられたバナナの葉は、ところどころが葉巻のように丸められていた。アジア最大級のセセリチョウであるバナナセセリの仲間の幼虫がつくった巣だ。中に潜んでいる幼虫の重みで、バナナの葉は大きくしなっていた。

ニセバナナセセリ *Erionota thrax*（タイ）

10月24日

バナナとともに

バナナセセリの仲間は東南アジアに広く生息し、いずれの種も朝夕の薄暗い時間帯に活動する。そのうち1種が日本の南西諸島でも見られるが、これは1970年代にアメリカ軍がベトナム周辺地域から持ち込んだ移入種であるらしい。

マルサラコジャノメ *Mycalesis malsara*（中国雲南省）

10月25日

白帯

林の中を歩くとコジャノメの仲間とウラナミジャノメの仲間がひっきりなしに飛び出す。よく似た種がいくつか一緒にいて混沌としていたが、その中でひときわ目を引いたのが、このマルサラコジャノメだ。翅裏の立派な白帯が褐色の翅によく映える。

ジャノメタテハモドキ *Junonia lemonias*（中国雲南省）

10月26日

モドキとは

タテハモドキの仲間は、その和名とは裏腹に真のタテハチョウ類に含まれる。日本で民家付近を飛ぶタテハチョウといえばヒメアカタテハなどが相場だが、シーサンパンナではジャノメタテハモドキがそれにあたるようだ。

チビコムラサキ *Rohana parisatis*（中国雲南省）

10月27日

鬱蒼とした

暗い樹林の中は湿気で満ちている。腐食が進んだ遊歩道の手すりに、チビコムラサキのメスがとまっていた。その風貌はカバタテハに似るが、和名の通りコムラサキに近い仲間だ。メスとは似ても似つかない真っ黒なオスは、高いところにいて下りてこなかった。

チビコムラサキ *Rohana parisatis*（タイ）

10月28日

分断色

地味な印象のチビコムラサキも、幼虫時代の姿は面白い。妙に細長い体型で、頭には鹿の角のような突起が生える。背中の黄色い模様が目を引く反面、側面の緑色は葉の色に溶け込んでいて、芋虫だと気づくまで少し時間がかかった。

ヒメワモンの一種 *Faunis* sp.（中国雲南省）

10月29日

禍々しい

林の中で気になる毛虫を見つけた。ワモンチョウの仲間の幼虫だ。そのつもりで撮影したものの、チョウの幼虫としては外見があまりに禍々しく、何かのガの幼虫と間違っていやしないかと不安でならなかった。

ヒメワモン *Faunis canens*（中国雲南省）

10月30日

毛虫の正体

禍々しい毛虫を見つけた林ではヒメワモンが多く飛んでいた。このチョウが毛虫の羽化した姿なのだろう。ヒメワモンをはじめとしたワモンチョウの仲間は、南米に生息するモルフォチョウに近い一群とされ、モルフォチョウの幼虫も同様に毛虫であることが知られている。

オオゴマダラ *Idea leuconoe*（台湾）

10月31日

台湾

台湾南端の墾丁《ケンティン》ではオオゴマダラをよく見かけた。この巨大なチョウは、沖縄から東南アジアまで広く分布するが一般に珍しい。多く見られる地域は沖縄・八重山と台湾の一部などに限られる。

シロモンクロシジミ *Spalgis epius*（台湾）

11月1日

カイガラムシを食べる

シロモンクロシジミは、日本のゴイシシジミなどに近縁な種だ。幼虫時代にはカイガラムシの仲間を捕食する。近くにカイガラムシのコロニーがあったのだろう、ほんの10mほどの範囲からこのシジミチョウが次々と飛び出した。

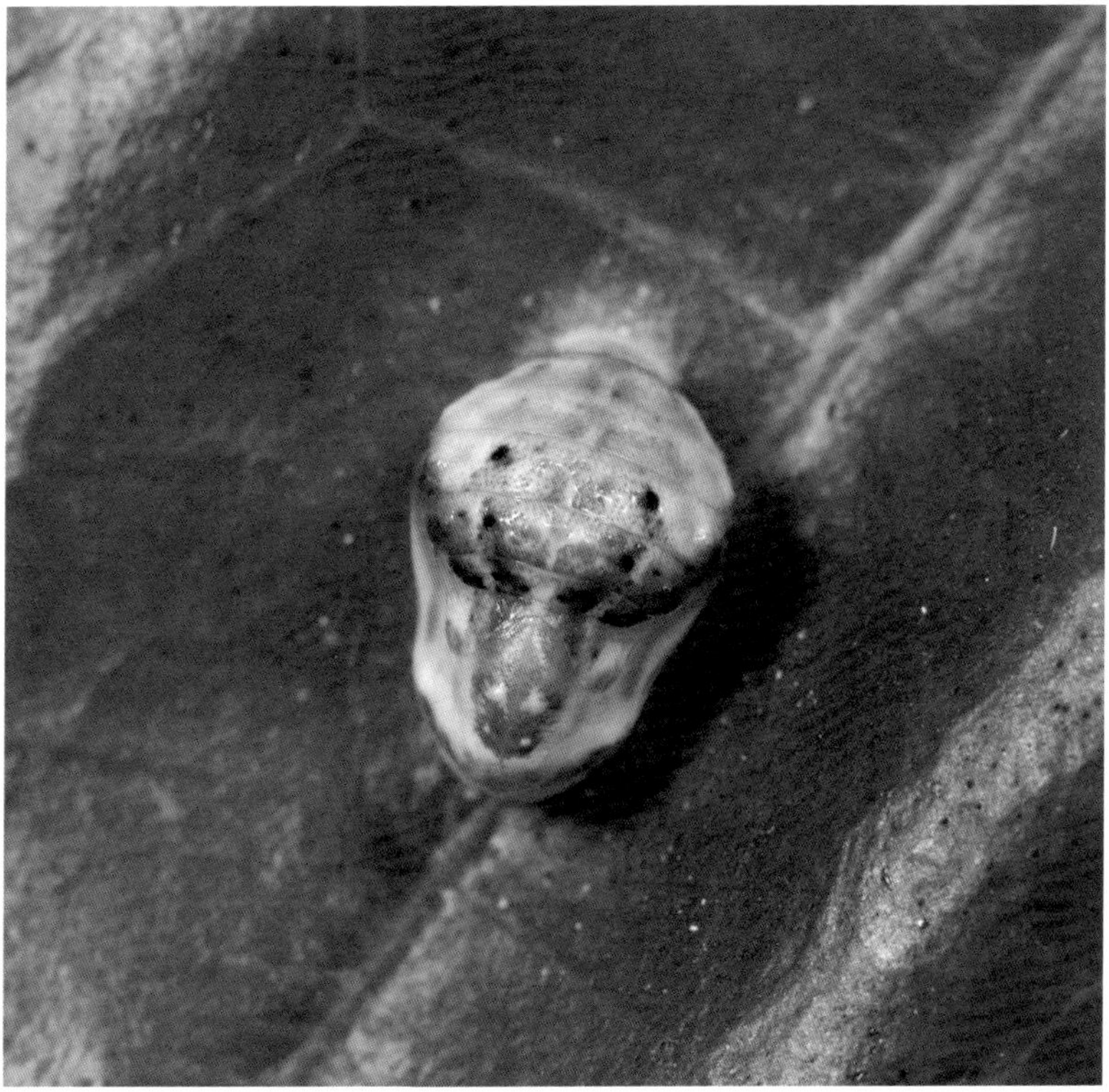

シロモンクロシジミ *Spalgis epius*（ベトナム）

11月2日

人面蛹

シロモンクロシジミは「人面蛹シジミ」という別名で知られる。言われてみれば確かに人の顔のように見えなくもない。独特のテカリを帯びた様子は、その色味も相まって遠目に鳥の糞と似て見える。

ヒイロシジミ *Deudorix epijarbas*（台湾）

11月3日

緋色

ヒイロシジミはその名の通り、緋色に輝くシジミチョウだ。日本のチョウの中ではイワカワシジミに近縁で、幼虫は木の実の中身を食べる。東南アジアには、トラフシジミの仲間などにも緋色の種がいくつかいて、その多くは日光が赤くなる午後から夕方に活動する。

トビイロセセリ *Burara jaina*（台湾）

11月4日

鳶色

夕方になると、トビイロセセリが暗がりから湧き出すように現れる。キバネセセリに近縁なこのチョウは、台湾の照葉樹林でよく見られた。夕陽に照らされた姿は、鳶色というよりも燃えるようなオレンジ色をしている。

ヤエヤマムラサキ *Hypolimnas anomala* （台湾）

11月5日

南洋から

ヤエヤマムラサキは、フィリピン方面から飛来する迷チョウだ。八重山諸島、台湾のいずれでも土着はしていないらしい。近縁種で台湾に土着しているリュウキュウムラサキは多く見られたが、ヤエヤマムラサキはこの1匹だけだった。

ホリシャルリマダラ *Euploea tulliolus*（台湾）

11月6日

警告色

ルリマダラの仲間は、幼虫時代に有毒植物を食べ、その毒を体内に蓄える。青紫色に輝く翅は、鳥などの捕食者に対する警告色として機能するのだろう。ヤエヤマムラサキなどはこの仲間に姿を似せることで身を守っている。

アカボシゴマダラ *Hestina assimilis formosana*（台湾）

11月7日

クワガタムシの知らせ

幹を歩くタイワンヒラタクワガタが目についた。ふと頭上を見上げると、4〜5mほどの高さで樹液が染み出し、そこにアカボシゴマダラが陣取っている。しばらくすると別の個体も飛んできて、一緒に樹液を吸いはじめた。

アカボシゴマダラ *Hestina assimilis formosana*（台湾）

11月8日

台湾亜種

日本では関東などに移入されたアカボシゴマダラが問題視されているが、台湾と奄美にはこのチョウが自然分布し、それぞれ固有の亜種とされている。台湾のアカボシゴマダラは白い斑が青みを帯び、飛んでいるとリュウキュウアサギマダラの仲間のように見える。

ルリタテハ *Kaniska canace*（台湾）

11月9日

虎視眈々

アカボシゴマダラが集まる樹液のそばにはルリタテハがいて、虎視眈々と吸汁の機会を窺っていた。日本でも見られるチョウではあるが、斑紋が日本産とは少し違い、前翅の明るい帯が先の方まで青くなる。

ヤマトシジミ *Zizeeria maha*（台湾）

11月10日

日本との共通種

舗装路近くの荒れ地を飛ぶ青いシジミチョウをよく見ると、日本でもお馴染みのヤマトシジミだった。台湾のヤマトシジミは、寒い季節になると裏面の黒点の色が淡くなるらしく、見慣れた本州のヤマトシジミと雰囲気がかなり異なる。

タイワンコムラサキ *Chitoria chrysolora*（台湾）

11月11日

台湾固有種

アカボシゴマダラが独占していた樹液場は、昼間になると固有種のタイワンコムラサキに奪われる。このチョウは雌雄で姿が異なるが、樹液に執着するのはオレンジ色のオスばかり。シックな配色のメスは高い木のてっぺんから一度も下りてこなかった。

タイワンルリモンアゲハ *Papilio hermosanus*（台湾）

11月12日

性標

タイワンルリモンアゲハは台湾南部の固有種だ。台湾北部では、東南アジアに広く分布するルリモンアゲハに置き換わる。オスの前翅に性標と呼ばれる艶消しの帯が発達するのが特徴で、ルリモンアゲハとは食樹も異なるらしい。

ナガサキアゲハ *Papilio memnon*（台湾）

11月13日
白いナガサキアゲハ

台湾のナガサキアゲハのメスは白くなる。沖縄のものもかなり白く、これらの地域にオオゴマダラが多いこととと無関係ではないかもしれない。そういえば、かつて世界一白いナガサキアゲハが西表島に生息していたとされるが、１９７０年代に姿を消した。

ヒメウラボシシジミ *Neopithecops zalmora*（台湾）

11月14日

台北

帰国前に立ち寄った台湾北部の都市、台北は冬めいていた。ここには蝶園と呼ばれる公園がいくつかあり、チョウの食草が多く植えられている。季節柄、チョウはあまり現れなかったが、暗い茂みの中に1匹のヒメウラボシシジミを見つけた。

キタテハ *Polygonia c-aureum*（青森県）

11月15日

初冬

帰国すると、青森の山には雪が積もりはじめていた。平地でも朝晩の冷え込みが厳しく、チョウの成虫を探すのは難しい季節となりつつある。晴れ間にかろうじて現れたキタテハは不活発で、じっと日光浴を続けていた。

オオムラサキ *Sasakia charonda*（青森県）

11月16日

越冬体勢

エゾエノキの根元の落ち葉をめくると、オオムラサキの越冬幼虫が身を潜めていた。幼虫はこのあと落ち葉に貼り付いたまま積雪の下で春を待つ。降っていた雨は夜に雪へと変わった。

ジュリーコイナズマ *Tanaecia julii*（ベトナム）

11月17日

ベトナム

ベトナム中部のバオロクを訪れる。インドシナ半島の東端に位置するベトナムは、熱帯アジアの昆虫が多く見られる一方で日本と共通する昆虫も生息し、それぞれ特化している。

ナガサキアゲハ *Papilio memnon*（ベトナム）

11月18日

有尾型

日本で見られるナガサキアゲハのメスは尾状突起がない無尾型だが、東南アジアでは有尾型が少なからず出現する。これは有毒のホソバジャコウアゲハに擬態したものと考えられ、他にも腹部の色など、様々な部分が異なる。

アオタテハモドキ *Junonia orithya*（ベトナム）

11月19日

荒れ地のチョウ

バオロクの郊外には広大な茶畑が拓かれている。茶畑の縁では、アオタテハモドキなどの荒れ地に生息するチョウが多く見られた。茶畑の合間に残されたジャングルのチョウも時折この空間に現れ、一緒になって飛んでいた。

コケムシイナズマ *Euthalia anosia*（ベトナム）

11月20日

稲妻

不意に現れたチョウは、苔生した岩のような色合いをしていた。この仲間は稲妻のように速く飛ぶからイナズマチョウと呼ばれる。よく林道に下りて口吻を伸ばしているが、とても敏捷ですぐに飛び去ってしまう。

コケムシイナズマ *Euthalia anosia*（ベトナム）

11月21日

宝石

木陰で水を飲んでいると、葉の裏にぶら下がる蛹が偶然目についた。透き通った緑色が宝石のように美しい。この蛹の正体がコケムシイナズマであることは、あとになってから知った。

マンゴーイナズマ *Euthalia aconthea*（タイ）

11月22日

毛虫

イナズマチョウの仲間の幼虫は、チョウ界屈指の強烈な毛虫だ。一部の種では毛に毒をもつことが知られている。葉の主脈に沿ってとまり、毛をぴったりと這わせることで、大きな体を見事に隠す。

ホワイトヘッドベニボシイナズマ *Euthalia whiteheadi miyazakii*（ベトナム）

11月23日

大物

ベニボシイナズマの仲間は、半寄生植物のオオバヤドリギ科を食樹とする特異な一群だ。そのメスは食樹が寄生する高い木の梢に留まるばかりでなかなか姿を現さない。ほんの一瞬、気紛れに現したその姿は、青緑色に妖しく輝いていた。

オナガアカシジミ *Loxura atymnus*（ベトナム）

11月24日

ささやかな樹液場

数日前から目をつけていた樹液に1匹のオナガアカシジミがやってきた。しかし、その樹液はどうやら不人気で、他のチョウや甲虫は見られない。雨なしで乾きかけているせいかもしれないが、少し寂しい。

ミツボシフタオツバメ *Spindasis syama*（ベトナム）

11月25日

身近な

キマダラルリツバメの仲間は、アジアからアフリカにかけて250種ほどが知られている。必ずしも日本のキマダラルリツバメのように珍しい種ばかりではなく、このミツボシフタオツバメも半ば荒れ地のような場所で身近に見られる。

シロミスジ *Athyma perius*（ベトナム）

11月26日 バオロク郊外

林道の傍らでシロミスジが交尾していた。バオロク郊外の林には、このチョウが多く飛んでいる。シロミスジは日本の与那国島などでも見られるが、これはもともと分布しなかった迷チョウで、1970年代に定着したらしい。

ヒューイットソンキララシジミ *Poritia hewitsoni*（ベトナム）

11月27日

茶畑の朝

ベトナムを訪れた一番の目的が、このキララシジミだ。バオロク郊外のジャングルに面した茶畑には、朝のひと時に限ってこの仲間が現れる。キララシジミは、熱帯アジアで見られる特異なシジミチョウの一群で、その生活史に謎が多く残されている。

エリキノイデスキララシジミ *Poritia erycinoides*（ベトナム）

11月28日

すみ分け

バオロク郊外の茶畑では2種のキララシジミが見られた。午前8時頃にいち早く現れるのは青緑色のヒューイットソンキララシジミで、9時頃になると深青色のエリキノイデスキララシジミと入れ替わる。両種は活動時間帯によってすみ分けているらしい。

シロシジミタテハ *Stiboges nymphidia*（ベトナム）

11月29日

中間的

シジミタテハの仲間は日本に分布しないチョウの一群で、シジミチョウの特徴とタテハチョウの特徴をあわせもつ。このシロシジミタテハも、体つきはシジミチョウのようなのに、とまり方や翅の質感がイシガケチョウなどのタテハチョウの仲間を連想させる。

アタマスフタオ *Polyura athamas*
アリクレスタイマイ *Graphium arycles*
タイワンシロチョウ *Appias lyncida* 他（ベトナム）

11月30日

まばら

雨季明けで涼しいこの季節は、水場に集まるチョウが少ない。乾季後半の暑い時期になれば無数のチョウで溢れ返る池のほとりでも、集まりはまばらだった。1匹のアタマスフタオが水場に執着し、そのまわりをアリクレスタイマイなどが飛んでいた。

アオザイシジミ *Neocheritra fabronia*（ベトナム）

12月1日

アオザイ

この大きなシジミチョウは、キララシジミとともに朝の茶畑に現れる。ちょうどいい和名を知らないから、仮にアオザイシジミと呼ぶことにしたい。アオザイシジミは、昼頃になると高い木の上空を飛び、遠目に見上げることしかできなくなる。

シロオビクロヒカゲ *Lethe verma*（ベトナム）

12月2日

木陰

林の中の陰地にはシロオビクロヒカゲが多かった。日本のクロヒカゲやシロオビヒカゲに近い種だ。地面近くの低い位置によくとまるが、人の気配に敏感でなかなか近寄らせてくれない。

ツマベニチョウ *Hebomoia glaucippe*（マレーシア）

12月3日

キャメロンハイランド

マレーシアのキャメロンハイランドは、昆虫採集のメッカとして知られる。標高1500mを超えるこの高原は、赤道地帯ながら通年涼しく、イギリス植民地時代に避暑地として開拓されたらしい。

アカエリトリバネアゲハ *Trogonoptera brookiana*（マレーシア）

12月4日

圧巻

キャメロンハイランドには、マレーシアの国蝶であるアカエリトリバネアゲハの集まる川がある。アカエリトリバネアゲハのオスは、この川から湧き出す温泉水に誘われるらしい。大人の手のひらより大きなこのチョウが群れる様子は圧巻だ。

オラン・アスリの一家。袋の中には
ハナカマキリが入っていた（マレーシア）

12月5日
オラン・アスリ

マレー半島の先住民族であるオラン・アスリは、近代化の進むマレーシアに住みながら高度経済とは無縁のジャングルで暮らしている。そして、この集落に住むオラン・アスリは捕まえたチョウを売ることで生計を立てている。

チョウの標本を見せ合う少年たち（マレーシア）

12月6日

虫捕りの集落

青年たちが持つビニール袋の中には、チョウを包んだ三角紙がつめこまれていた。こうしたチョウを標本商が仕入れ、日本などに流通させている。集落の外では大人から子供まで捕虫網を持ったオラン・アスリたちが練り歩いていた。

ヤイロタテハ *Agatasa calydonia*（マレーシア）

12月7日 目立たない赤

ヤイロタテハはどうやら珍しいチョウらしく、私はこの場所以外で見たことがない。真紅の翅には度肝を抜かれるが、赤い光の届かない深海で赤い魚が黒く見えるのと同じように、赤い光が遮られる暗いジャングルの中ではこの翅が黒く沈んで目立たない。

ソトグロカギバタテハ *Rhinopalpa polynice*（マレーシア）

12月8日

1属1種

一人で林道を歩いていると、地面に下りて口吻を伸ばすソトグロカギバタテハが目についた。近縁種のいない1属1種のタテハチョウだ。深い切れ込みの入った独特の翅形のおかげで同定には困らない。

ピゲラエグリバセセリ *Odontoptilum pygela*（マレーシア）

12月9日

主役

足元にとまったピゲラエグリバセセリは、地味で脇役的な印象が強いセセリチョウの仲間でありながら、主役級の存在感を放っていた。端々が張り出した独特な形の後翅と、掠れるような白色の模様が美しい。

ヒイロトラフシジミ *Rapala iarbus*（マレーシア ランカウイ島）

12月10日

熱帯の冬

マレーシアの北西端に位置するランカウイ島を訪れた。一年で最も涼しくなる季節のはずだが、昼間の気温は30℃を超える。林道では熱帯らしい色のチョウが飛び交っていた。

ミツボシフタオツバメ *Spindasis syama*（マレーシア ランカウイ島）

12月11日

地域差

ランカウイ島では、2種のキマダラルリツバメの仲間が見られた。いずれの種も明るく開けた林道に現れる。ランカウイ島のミツボシフタオツバメは、ベトナムで見たものより些か地味で小ぶりに感じた。

タイワンフタオツバメ *Spindasis lohita*（マレーシア ランカウイ島）

12月12日

よく似た別種

ミツボシフタオツバメが多く見られた一方で、このタイワンフタオツバメは少なかった。両種は後翅基部付近の斑紋の形状で区別でき、タイワンフタオツバメの方がわずかに大きい。

タイワンフタオツバメ *Spindasis lohita*（マレーシア ランカウイ島）

12月13日

共生

タイワンフタオツバメの幼虫がアリを侍らせていた。海外のキマダラルリツバメの仲間も日本のものと同様にシリアゲアリ類と共生する。しかし、アリから口移しで餌をもらう日本のキマダラルリツバメは特異な存在で、海外では知られる限りほとんどの種が植物の葉を食べる。

オビクロツバメシジミ *Tongeia potanini*（マレーシア ランカウイ島）

12月14日

熱帯の岩崖

見た目は随分異なるが、このオビクロツバメシジミは日本のクロツバメシジミと同属であるらしい。岩の隙間に生える多肉植物を食草とするためか、海岸の岩崖付近で見られた。

ハマヤマトシジミ *Zizeeria karsandra*（マレーシア ランカウイ島）

12月15日

浜に棲む

海岸近くを低く飛ぶ小さなシジミチョウは、ハマヤマトシジミだった。よくいるヒメシルビアシジミとヤマトシジミに似ているが、翅を開けば艶消しの紫色が独特だ。ハマヤマトシジミは日本の南西諸島にも分布するが、近年多くの島で記録が途絶えている。

フシギノモリノオナガシジミ *Drupadia ravindra*（マレーシア ランカウイ島）

12月16日

不思議の森

フシギノモリノオナガシジミという、メルヘンな名で呼ばれるこのシジミチョウが、ランカウイ島ではよく見られる。生息場となる低地の林が比較的多く残されているためだろう。日中は木陰に翅を閉じてとまっているが、夕方になると日向に現れて青く輝く後翅を見せつける。

モリノオナガシジミ *Cheritra freja*（マレーシア ランカウイ島）

12月17日

長い尾

東南アジアでは、極端に長い尾状突起をもつシジミチョウが少なくない。その翅の形はいかにも飛びづらそうだが、跳ねるように飛び上がったあと長く滑空するという緩急のついた動きを繰り返し、意外なくらい速く飛ぶ。

ヤマネコセセリ *Odina hieroglyphica*（マレーシア ランカウイ島）

12月18日

山猫色

ヤマネコセセリは知る人ぞ知る珍しいセセリチョウだ。その色合いと模様から、和名ではヤマネコに、学名ではヒエログリフに例えられ、いずれも命名者の愛を感じる。午後3時頃、山頂近くの林に現れると目にもとまらぬ速さで飛び回り、葉の裏に隠れるようにしてとまった。

ブルガリスヒメゴマダラ *Ideopsis vulgaris*（マレーシア ランカウイ島）

12月19日

ブルガリス

沖縄や八重山などで見られるリュウキュウアサギマダラは、東南アジアの島嶼部に行くと近縁種のブルガリスヒメゴマダラへと置き換わる。ラテン語で「ありふれた」という意味を表すブルガリスの名の通り、いたるところで見られた。

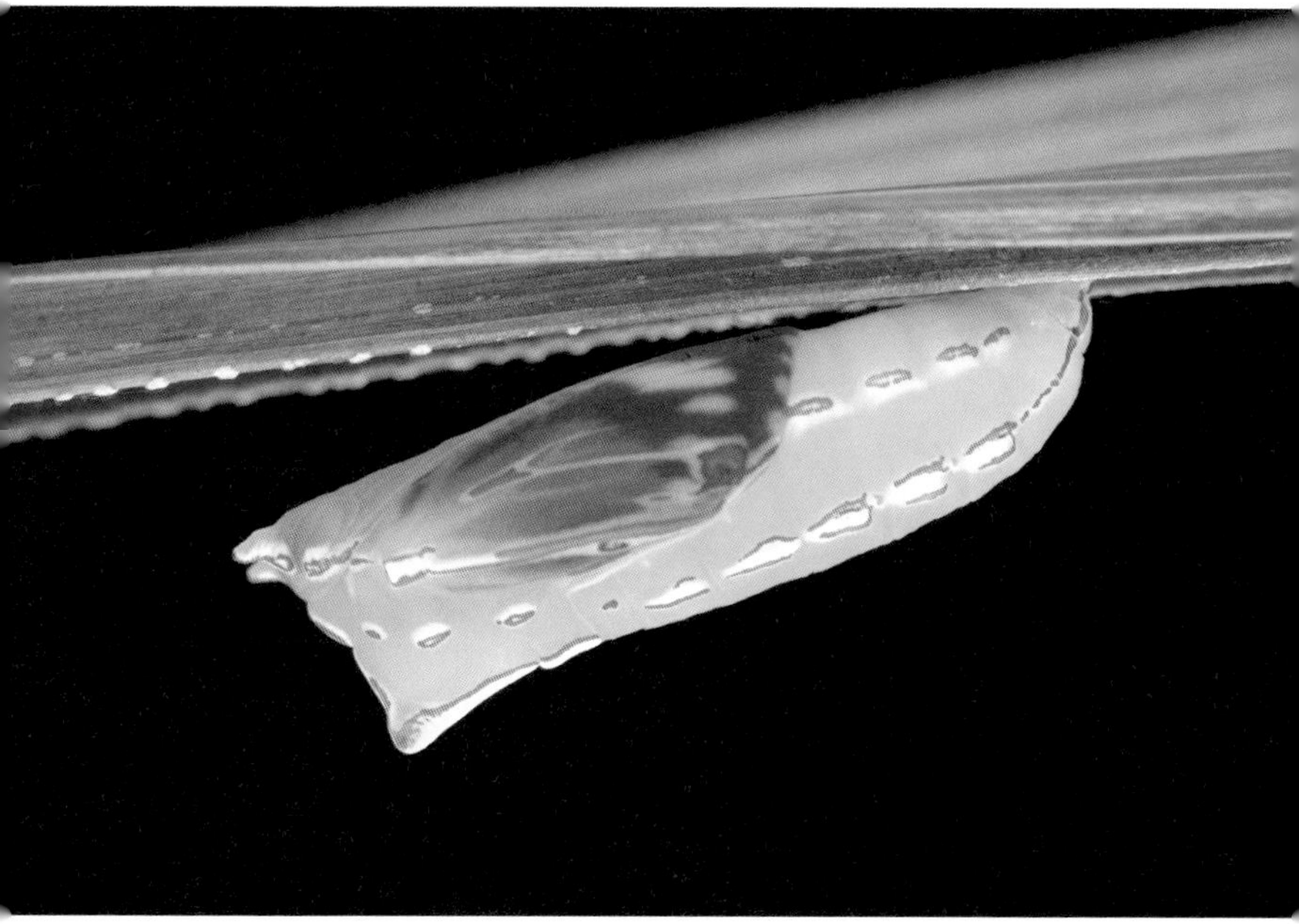

ルリモンジャノメ *Elymnias hypermnestra*（マレーシア ランカウイ島）

12月20日

ホテルの前庭で

植え込みにルリモンジャノメの蛹が潜んでいた。ヤシの仲間を食樹として市街地でもよく発生するこのチョウは、東南アジアではとても身近な存在だ。羽化が近づいた蛹には、内部にできあがりつつある翅の模様が浮かび上がっていた。

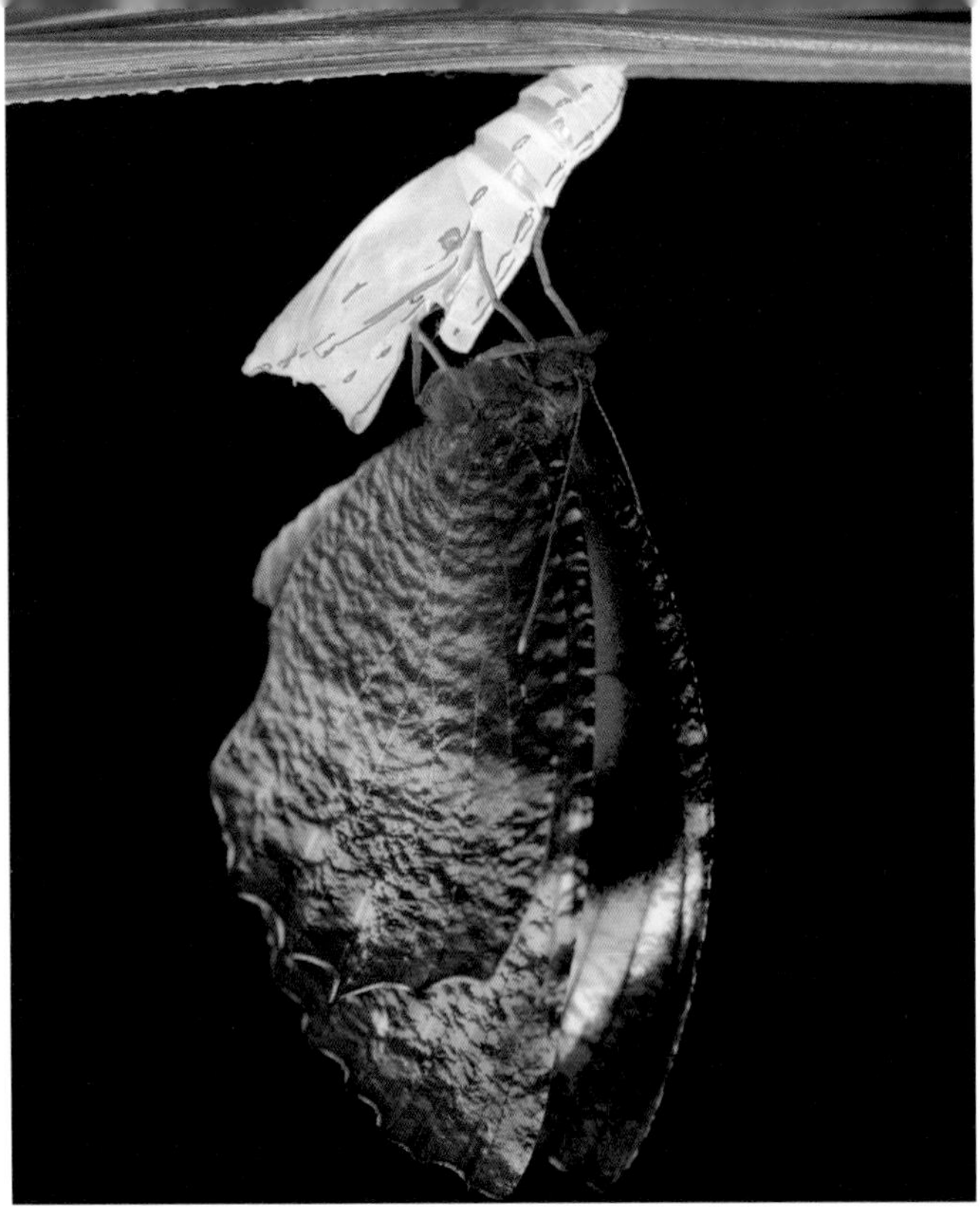

ルリモンジャノメ *Elymnias hypermnestra*（マレーシア ランカウイ島）

12月21日

カバマダラ擬態

羽化したルリモンジャノメはオレンジ色の見事なメスだった。このチョウのメスの翅の模様は地域による違いが大きく、それぞれの土地に生息するマダラチョウの仲間に対応している。この個体は、カバマダラを擬態のモデルにしているのだろう。

ルリモンジャノメ *Elymnias hypermnestra*（マレーシア ランカウイ島）

12月22日

ルリマダラ擬態

ルリモンジャノメのオスはメスよりも一回り小型で、翅は青紫色に輝く。斑紋は他の特定の種と重なるわけではなく精巧な擬態とはいいづらいが、その配色はホリシャルリマダラなどのルリマダラの仲間全般を連想させる。

リブナキララシジミ *Cyaniriodes libna*（マレーシア ランカウイ島）

12月23日

翡翠色

リブナキララシジミは希少種揃いのキララシジミの仲間の中でも特別に珍しい種のひとつだ。ランカウイ島は、世界でも数少ないこのチョウの生息地となっている。緑色に輝くチョウはありふれているが、この深い翡翠色は、他に似たものを知らない。

リブナキララシジミ *Cyaniriodes libna*（マレーシア ランカウイ島）

12月24日

薄明

リブナキララシジミは、日光が射し込む前の暗いジャングルで控えめに活動していた。その時間帯は早朝に活動するチョウの中でも特に早く、草木はまだ朝露に濡れている。日が昇って周囲が明らむと木陰に隠れ、翅を閉じて動かなくなった。

エリキノイデスキラランシジミ *Poritia erycinoides*（マレーシア ランカウイ島）

12月25日

空色

ランカウイ島ではエリキノイデスキラランシジミも少なくなかった。このチョウはベトナムでも見られたが、翅の模様がまるで別種のように異なっている。青色の質感もベトナムのもののような深い青ではなく、より金属的な輝きでわずかに空色を帯びていた。

ルリモンアゲハ *Papilio paris*（タイ）

12月26日

カオヤイ国立公園

タイの首都バンコクから北東200kmほどの位置にあるカオヤイ国立公園を訪れた。年末年始のタイは乾季にあたり、チョウの多い季節ではないが、暑すぎず雨もほとんど降らないため過ごしやすい。

アオスジアゲハ *Graphium sarpedon*
ルリモンアゲハ *Papilio paris*（タイ）

12月27日

控えめ

アオスジアゲハが集まる川のほとりに1匹のルリモンアゲハが飛んできて、集団から少し離れた位置にそっととまった。体格で勝る相手であっても、他のチョウの吸水集団への割り込みは憚られるのかもしれない。

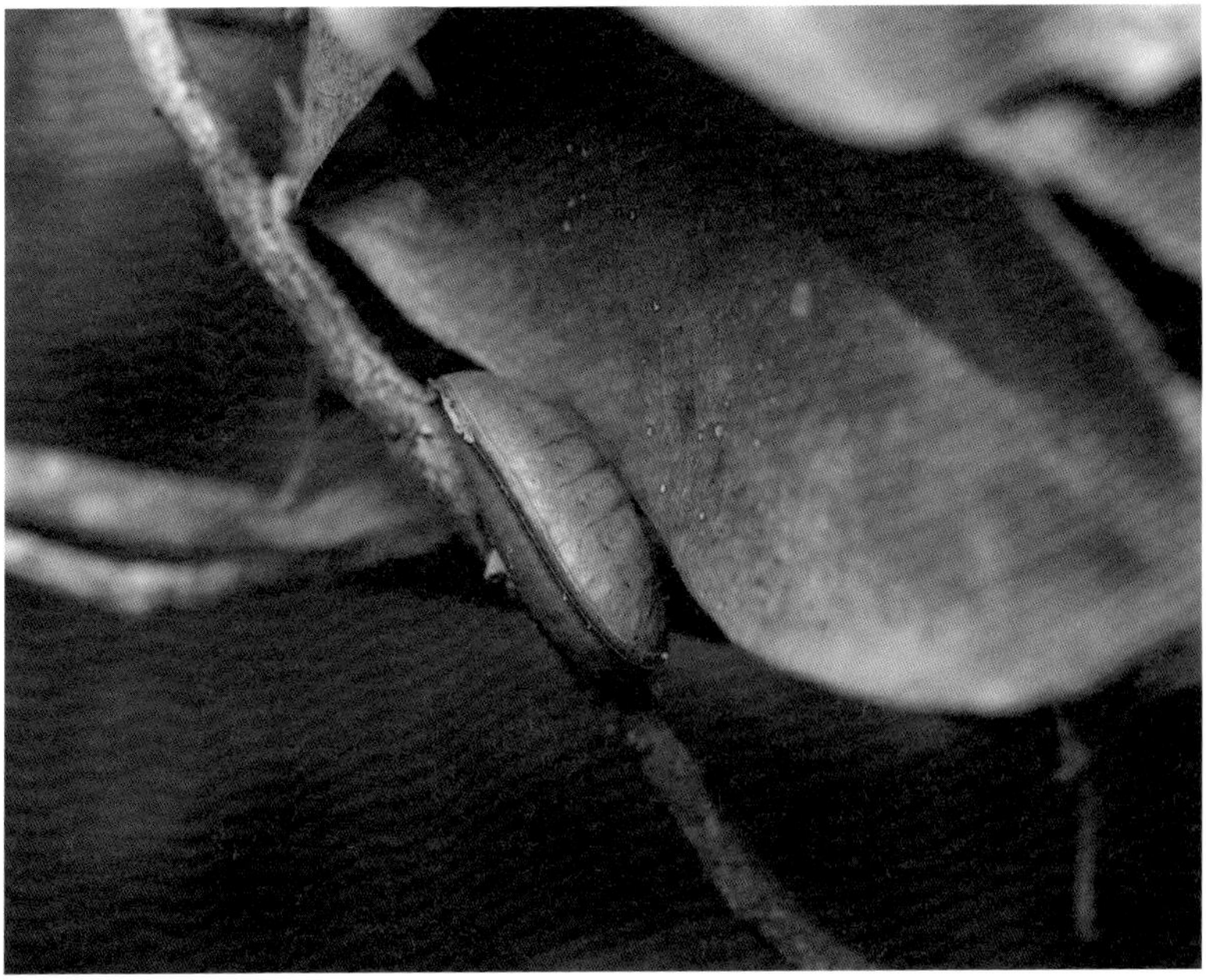

アリノスシジミ *Liphyra brassolis*（タイ）

12月28日 ゾウが倒した木に

カオヤイ国立公園には野生のアジアゾウが棲んでいる。ゾウの押し倒した木々が道の脇に寄せられ、その1本にツムギアリの古巣がついていた。古巣には世界最大のシジミチョウであるアリノスシジミの羽化殻が残されていた。

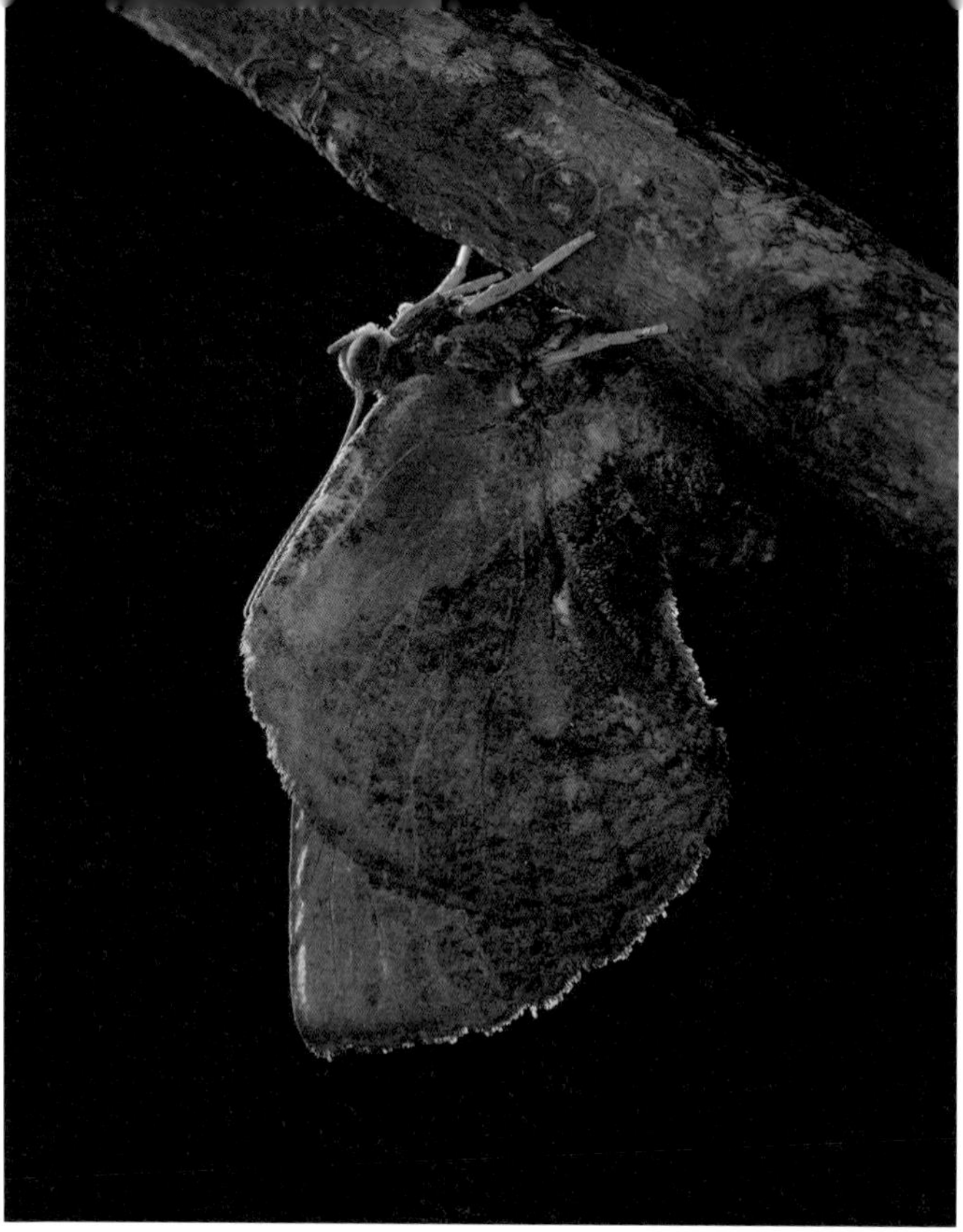

アリノスシジミ *Liphyra brassolis*（マレーシア ランカウイ島）

12月29日

蛾蝶

アリノスシジミの幼虫は、ツムギアリというアリの巣の中でその幼虫を捕食する。カプセル状に膨らませた終齢幼虫の皮膚の中で蛹になるなど、見た目も習性も異例ずくめのシジミチョウだ。ガのような姿から想像した通り、どうやら暗い時間帯に飛んでいる。

アカオニシジミ *Thamala marciana*（タイ）

12月30日

赤鬼

禍々しいほどの赤い輝きを放つことからアカオニシジミと呼ばれるこのチョウは、世界屈指の美しいシジミチョウだ。昼下がりになると暗い林の中の木漏れ日が射し込む空間に現れ、火の玉のように高いところを飛ぶ。

セナキバネセセリ *Bibasis sena*（タイ）

12月31日

間近で見ると

日本のキバネセセリに近縁なセナキバネセセリは、夜明け直後のジャングルに現れる。暗く涼しい中でも平気な様子で飛び、人の気配に敏感でなかなか近付けない。いつも遠目に見送るばかりだったから、縁毛と脚が鮮やかなオレンジ色であることに初めて気がついた。

ヒューイットソンキララシジミ *Poritia hewitsoni*（タイ）

1月1日

新年

年末から滞在中のタイで、日本より2時間遅く新年を迎えた。乾季で涼しくチョウが少ないこの季節に、キララシジミの仲間はよく見られる。樹林が朝日に照らされるとヒューイットソンキララシジミのオスが競うように飛び出し、めいめいの位置に陣取った。

ヒューイットソンキララシジミ *Poritia hewitsoni*（タイ）

1月2日

神出鬼没

キララシジミのメスは神出鬼没だ。オスと一緒に飛ぶことは珍しく、木陰などで休んでいる個体が時折、偶然見つかる。ヒューイットソンキララシジミのメスはグラデーションのかかった空色で、眩しく輝くオスとはまた別の魅力がある。

ヒューイットソンキララシジミ *Poritia hewitsoni*（タイ）

1月3日

配偶行動

活動時間の終わり頃、オスが陣取る林縁にどこからともなく1匹のメスが現れて、すぐに交尾が成立した。羽化直後のメスはこうしてオスに捕まってしまうから、なおさら目にする機会が少ないのだろう。1時間半ほどで2匹は離れ、それぞれ樹上へと飛び去った。

ニセキララシジミ *Anthene emolus*（タイ）

1月4日

似ていない偽物

ニセキララシジミと呼ばれるこのチョウは東南アジアに広く分布する。キララシジミとはかなりの遠縁で、しかもキララシジミにこれと似た種はない。同じ空間を飛ぶことが多いから、野外での姿が遠目に紛らわしいということで付けられた名前なのかもしれない。

クロアゲハ Papilio protenor（タイ）

1月5日

無尾型

川辺に降りた黒いアゲハチョウの正体は、日本にもいるクロアゲハだった。東南アジアのクロアゲハには後翅の尾がなく、日本のものを見慣れていると不思議な感じがする。日本の市街地でよく見られるこのチョウは、タイでは限られた山地にしか生息しないらしい。

ミツボシフタオツバメ *Spindasis syama*（タイ）

1月6日

西日を受けて

午後4時を回って太陽の光が赤みを帯びると、茂みの中に潜んでいたミツボシフタオツバメのオスが突然活発に飛び出した。縄張りを周回するように飛び、少しすると葉先に翅を開いてとまる。翅の青紫色は日本のキマダラルリツバメより濃く鮮やかだ。

アカスジフタオツバメ *Spindasis vulcanus*（タイ）

1月7日
乾いた草地を飛ぶ

ミツボシフタオツバメが飛びはじめるより少し早い午後3時頃、同じ林縁の草地には近縁種のアカスジフタオツバメが現れる。他のキマダラルリツバメの仲間のように高くは飛び上がらず、地面近くをちょこちょこと飛ぶ姿は、まるで日本のベニシジミのようだった。

アカスジフタオツバメ *Spindasis vulcanus*（タイ）

1月8日

変わり者

アカスジフタオツバメは翅を開くとベニシジミのようなオレンジ色の斑紋が目に映る。これに似た配色のキマダラルリツバメ類はアフリカから中東に多くいるが、アジアではほとんどの種が青紫色だ。左右の触角を揃えてとまる姿勢も独特で、とにかく変わっている。

ヒメハリマオセセリ *Pyroneura margherita*（タイ）

1月9日

虎

炎天に耐えかねて木陰に逃げ込むと、その先の花でハリマオセセリの一種が蜜を吸っていた。ハリマオセセリは東南アジアに15種ほどが知られる珍種揃いの一群だ。マレー語で虎を意味する「ハリマオ」の名の通り、虎を連想する配色が印象的だった。

クロミヤクアカメセセリ *Matapa sasivarna*（タイ）

1月10日

他人の空似

暗い林の中でアオバセセリに似た配色のセセリチョウを見つけた。しかしアオバセセリよりも随分華奢で、複眼は真っ赤に染まっている。調べると、アオバセセリとは遠縁のアカメセセリと呼ばれる仲間であることがわかった。

メスシロキチョウ *Ixias pyrene*
タイワンスジグロチョウ *Cepora nerissa*
キシタマルバネシロチョウ *Cepora iudith* 他（タイ）

1月11日

吸水集団

タイ中西部のケーンクラチャン国立公園では、川のほとりにおびただしい数のチョウが群れる。暑季になればこれより桁違いに大きな吸水集団をつくるというから恐ろしい。何かのきっかけでチョウが一斉に飛び立つと、色とりどりの紙吹雪のように見えた。

アナイスアサギシロチョウ *Pareronia anais*（タイ）

1月12日

黄の装い

アサギシロチョウの仲間のメスは、マダラチョウの仲間に擬態しているようだ。このメスは、黄色に染まった後翅がアスパシアアサギマダラというアサギマダラの近縁種によく似ている。

アングラリスウスバジャノメ *Erites angularis*（タイ）

1月13日

幻光

チョウが集まる川のほとりから獣道に沿って暗い林の中に分け入ると、見慣れないジャノメチョウがところどころで飛んでいた。ウスバジャノメと呼ばれる仲間らしい。淡い色合いの翅はわずかに青紫色の幻光を帯びていた。

シロオビヒカゲ *Lethe europa*（タイ）

1月14日

朝焼けに照らされて

夜明け直後の竹林にシロオビヒカゲが現れた。人の気配に敏感でなかなか近寄らせてくれないこのチョウも、まだ寝ぼけているのかおとなしい。しばらくして朝焼けが直射するようになると、光から逃れるように茂みの奥へと消えていった。

ムラサキイチモンジ *Parasarpa dudu*（タイ）

1月15日

謎の幼虫

不思議な形のイモムシを見つけた。ぼんぼりのような、或いは食虫植物のモウセンゴケのような2対の突起が背中に生え、ほかにも大小様々な突起が体中を覆っている。どことなく、イチモンジチョウの幼虫の面影を感じた。

ムラサキイチモンジ *Parasarpa dudu*（タイ）

1月16日

正体

背中にぼんぼりのような突起をもつ謎の幼虫の正体は、やはりイチモンジチョウに近い仲間で、ムラサキイチモンジと呼ばれる種であることがわかった。成虫もなかなか迫力があるものの、幼虫時代のインパクトには敵わない。

オオベニモンアゲハ *Byasa polyeuctes*（タイ）

1月17日

チェンダオ山

タイ北部に位置するチェンダオ山は、この国で3番目の高さを誇る。ここにはかつてシボリアゲハという特殊なアゲハチョウの一種が生息していたが、乱獲と山火事によって1980年代までに絶滅した。山の麓の水場には、多数のオオベニモンアゲハが集まっていた。

オオベニモンアゲハ *Byasa polyeuctes*（タイ）

1月18日

烏羽色

オオベニモンアゲハは早朝の薄暗い水場に現れる。翅を閉じたときに見える赤色の胴体が印象的だが、翅を広げたときの艶やかな烏羽色も上品で美しい。日本のジャコウアゲハに近い仲間で体内に毒をもち、胴体の赤色は天敵への警告色として働く。

シロモンアケボノアゲハ *Atrophaneura zaleucus*（タイ）

1月19日
有毒の装い

シロモンアケボノアゲハもジャコウアゲハに近い仲間だ。やはり体内に毒をもち、ナガサキアゲハなどの擬態モデルになっているものと考えられる。有毒である自らの姿を見せつけるように、ゆっくり羽ばたいて悠然と飛ぶ。

レテノールアゲハ *Papilio alcmenor*（タイ）

1月20日

間に合わせの擬態

レテノールアゲハはクロアゲハなどに近い種だ。強い毒をもたず胴体は黒色だが、遠目にはシロモンアゲボノアゲハなどの毒をもつジャコウアゲハの仲間と紛らわしい。翅の付け根の赤色は、胴体が赤色であるように見せかけるためのものだろう。

ヤソダキラランジミ *Deramas jasoda*（タイ）

1月21日

夢

キララシジミの仲間は一部の例外を除いて、ほとんどの種が珍しい。中でもヤソダキラランジミとその近縁種は珍しく、ユメドリキララシジミという和名をあてた図鑑もある。採集を夢見るほどの存在ということなのだろう。

ファアリアキラランシジミ *Simiskina phalia*（タイ）

1月22日

鏤《ちりば》めた青

ファアリアキラランシジミは午前中、陽当たりの良い林縁に現れる。尖った翅と細かく鏤められた青緑色が美しく、近縁種以外に似た意匠のチョウは少ない。ほとんどの個体は木の高いところから下りてこなかったが、1匹だけ下りてきて葉にとまると、翅を開いた。

ファレナキララシジミ *Simiskina phalena*（タイ）

1月23日

雲の中

珍種揃いのキララシジミの仲間にあって、ファレナキララシジミは別格の存在だ。観察例が極めて少なく、山の頂上で雲の中を飛んでいたという謎めいた話を伝え聞く。単なる偶然かもしれないが、この個体が現れたのもひどい悪天候の中だった。

エリキノイデスキララシジミ *Poritia erycinoides*（タイ）

1月24日

別種のよう

東南アジアに広く分布するエリキノイデスキララシジミは、地域的な変異が著しい。タイ北部では青紋の発達したメスが出現し、ベトナムやマレー半島で見られるほぼ橙紋のみのメスと比べると、まるで別種のような姿になる。

ゴイシシジミ *Taraka hamada*（タイ）

1月25日
キラシジミの類縁

キララシジミの仲間は分類学的に特異な一群だ。ゼフィルスやトラフシジミの仲間など他のきらびやかなシジミチョウとは全くの遠縁で、強いて挙げるならゴイシシジミなどにやや近い。なお日本でお馴染みのゴイシシジミは、タイでは限られた山地でしか見られない。

アシナガシジミの一種 *Miletus croton*（タイ）

1月26日

脚長

シジミチョウとは思えないほどの長い脚をもつアシナガシジミの仲間は、東南アジアの林でよく見られる。ゴイシシジミに近縁な一群で、アブラムシなどを捕食する幼虫時代の生活史もゴイシシジミと共通する。

アンビカコムラサキ *Mimathyma ambica*（タイ）

1月27日

惑わす幻光

アンビカコムラサキの翅は眩しいほどの青い幻光を放つ。この幻光は見る角度によって輝き方が大きく変化し、お尻側から見たときには全く光らない。もしかすると、追いかけてくる捕食者に対して地味なチョウのように振る舞う効果があるのかもしれない。

アンビカコムラサキ *Mimathyma ambica*（タイ）

1月28日

純白

川辺の岩盤は炎天下で高温に熱されている。そこにとまったアンビカコムラサキは、体温が上がりすぎるのを避けるためか、翅を頑なに開かなかった。青色に輝く翅表を隠し、真っ白な翅裏だけを見せていた。

ゴイシヤドリギシジミ *Tajuria maculata*（タイ）

1月29日

憧れの水玉

ヤドリギシジミの仲間は、樹木の高枝に寄生するオオバヤドリギの仲間を食樹としてその近くに留まるため、めったに人目に触れない。中でも特徴的な水玉模様をもつゴイシヤドリギシジミは憧れのチョウだった。撮影後、樹冠へと飛び上がる姿をじっと見送った。

ウスキシロチョウ *Catopsilia pomona* 他（タイ）

1月30日

淡黄の集団

吸水集団をつくるチョウの種構成は、その時々で移り変わる。この日はウスキシロチョウが大半を占めていた。撮影している間にもぽつりぽつりと新入りが加わり、集団は少しずつ大きくなっていった。

アカネシロチョウ *Delias pasithoe*（タイ）

1月31日

デリアスⅠ

アカネシロチョウとその近縁種は、学名からデリアスと呼ばれる。色鮮やかでそれなりに種数が多く、愛好家に人気の高い一群だ。他のチョウより一足早く朝の水場を訪れて、太陽が高くなる頃には樹冠へと消える。

ベニモンカザリシロチョウ *Delias hyparete*（タイ）

2月1日

デリアスII

デリアスがもう一種現れた。このベニモンカザリシロチョウはタイ北部に生息するデリアスの中では最も身近で、市街地にも現れる。この種に限らずデリアスは、樹木の高枝に寄生するオオバヤドリギの仲間を食樹とするため、主に樹木のてっぺん付近を飛ぶ。

ベラドンナカザリシロチョウ *Delias belladonna*（タイ）

2月2日

デリアスⅢ

このデリアスは山深い場所でよく見られる。山奥の渓流ではこのチョウの群れを時折見かけるが、この日は1匹だけだった。朝日が射して間もない山麓の水場は少し肌寒く、他のチョウの姿はまだ見られない。

マダラシロチョウ *Prioneris thestylis*（タイ）

2月3日
デリアス擬態

マダラシロチョウはこの見た目だが、デリアスとは似て非なるシロチョウの仲間だ。昨日見たベランドンナカザリシロチョウなどのデリアスに擬態しているのだろう。きちんと調べた例を知らないが、デリアスは体内に毒をもつと考えられており、様々なチョウとガがデリアスに擬態している。

キシタセセリ *Mooreana trichoneura*（タイ）

2月4日

黄色いセセリ

黄色い模様をもつこのセセリチョウは、日本のダイミョウセセリなどにやや近い仲間だ。ダイミョウセセリと似て速く直線的に飛び、いつも翅を広げてとまる。配色がどことなくデリアスを連想させるが、これを擬態と呼ぶべきであるかは定かでない。

アオバセセリ *Choaspes benjaminii*（タイ）

2月5日

青いセセリ

朝早く、アオバセセリの仲間が路肩に下りて口吻を伸ばしていた。東南アジアにはアオバセセリの仲間がいくつかいて、いずれもよく似ている。この個体は日本にも生息するアオバセセリそのものであることが後になってわかった。

シロヘリスミナガシ *Stibochiona nicea*（タイ）

2月6日

赤の口吻

林道と沢の交わるところで、シロヘリスミナガシが口吻を伸ばしていた。タイには日本と同じ種のスミナガシも生息するが、こちらの方が多く見られる。やや小ぶりで青黒く、スミナガシ同様に口吻は赤い。

カバイロスミナガシ *Pseudergolis wedah*（タイ）

2月7日

カバタテハモドキ

カバイロスミナガシはこんな姿をしていても、スミナガシの仲間であるらしい。翅の形や配色がカバタテハに似ていることから、カバタテハモドキという別名でも呼ばれる。タイ北部から中国方面に分布するやや少ない種だが、チエンダオ山の麓では時折、水場に現れていた。

ヤマオオイナズマ *Lexias dirtea*（タイ）

2月8日

山の稲妻

オオイナズマの仲間は、日本のオオムラサキと体格で肉薄する大型のタテハチョウだ。羽ばたきは力強く迫力があり、稲妻のように速く飛ぶ。どちらかといえば山地でよく見られ、よく似た近縁種のサトオオイナズマが平地に多い。

エグリゴマダラ *Euripus nyctelius*（タイ）

2月9日

擬態しないオス

エグリゴマダラのオスが川辺に下りてきた。日本のゴマダラチョウに近い種で、後翅がえぐれた形をしている。エグリゴマダラのメスは、オスと全く違う姿の奇チョウだが、神出鬼没でなかなか人前に現れない。

エグリゴマダラ *Euripus nyctelius*（タイ）

2月10日

擬態するメス

エグリゴマダラのメスは見事な擬態チョウだ。いくつかの斑紋タイプが出現し、それぞれ別のマダラチョウ類に擬態している。擬態しないオスは滑空気味に速く飛ぶが、メスはゆっくり羽ばたいてふわふわと漂い、ルリマダラに似た動きと姿を見せつける。

ルリマダラ *Euploea sylvester*（タイ）

2月11日

擬態モデル

昨日見たエグリゴマダラの擬態モデルは、きっとこのチョウだろう。翅の表側が青紫色の光沢を放つマダラチョウの一種で、体内に強い毒をもつ。エグリゴマダラは花を訪れないから遠目に迷わずルリマダラとわかったが、飛んでいるところを見分けるのは難しい。

パトナマネシジャノメ *Elymnias patna*（タイ）

2月12日
擬態するジャノメチョウ

マネシジャノメの仲間は、東南アジアに数十種が生息するジャノメチョウの一群だ。ほとんどの種が何らかの有毒種に擬態しており、このパトナマネシジャノメもルリマダラの仲間によく似る。惹かれるものがあったのか、同行者の周りをまとわりつくように飛んでいた。

マレラスマネシジャノメ *Elymnias malelas*（タイ）

2月13日

騙され

このマレラスマネシジャノメもルリマダラの仲間に擬態している。川辺に現れて空中を漂い、翅表の青紫色を煌めかせるのがしばらく見えていたが、目の前に下りるまでルリマダラと思い込まされた。擬態される側であるルリマダラの方が個体数は遥かに多い。

カバシタアゲハ *Chilasa agestor*（タイ）

2月14日
擬態するアゲハチョウ

アゲハチョウの仲間にも他のチョウに擬態するものがいる。このカバシタアゲハは、アサギマダラに擬態するアゲハチョウの一種だ。姿がアサギマダラと似ていても自認はしっかりアゲハチョウであるようで、水場ではいつも他のアゲハチョウの近くにとまっていた。

カバシタゴマダラ *Hestinalis nama*（タイ）

2月15日

擬態するゴマダラチョウ

チェンダオ山麓の水場に集まるこのゴマダラチョウの仲間は、昨日のアゲハチョウと同じくアサギマダラに擬態している。日本のゴマダラチョウからはなかなか想像できないが、東南アジアではゴマダラチョウの仲間が擬態種揃いの一群として知られている。

ゴマダラチョウ *Hestina persimilis persimilis*（タイ）

2月16日

タイでの姿

日本に生息するゴマダラチョウと同じ種が、タイにも生息している。日本のものとは雰囲気がかなり異なり、かつては別種として扱われることが多かった。翅が尖っていて淡い紫色の幻光を帯び、斑紋は細長く、ある種のマダラチョウに似る。

クビワチョウ *Calinaga buddha sudassana*（タイ）

2月17日

不気味

このチョウは2月頃の限られた期間だけ現れる。クビワチョウの仲間はかなり特殊なタテハチョウの一群で、近年ではフタオチョウやジャノメチョウに近い存在と考えられているらしい。異質な体のつくりにちょっとした不気味さを覚えるが、飛ぶ姿はアサギマダラの仲間に似て見えた。

マカレウスタイマイ *Graphium macareus*（タイ）

2月18日

タイマイ

タイマイというのはミカドアゲハやアオスジアゲハの仲間の別名だ。東南アジアには様々な種のタイマイが生息し、その中にはマカレウスタイマイなど、マダラチョウの仲間に擬態する種も含まれる。擬態種は他のタイマイより緩慢に飛び、その動きが見た目以上によく似ている。

オナガタイマイ *Graphium antiphates*（タイ）

2月19日

南国らしい

オナガタイマイは長い尾をもつ南国らしい風貌のチョウだ。姿が全く異なるものの日本のアオスジアゲハに近い種で、幼虫時代の姿は確かに似ている。珍しい種ではなく、吸水集団の中によく紛れているが、子供の頃に図鑑で見て憧れたこのチョウを見つけると今でも少し嬉しい。

ノミウスタイマイ *Graphium nomius*
オナガタイマイ *Graphium antiphates* 他（タイ）

2月20日

炎天を好む

太陽が高く昇り、気温は30℃を超えた。こんな昼間の炎天下に現れるチョウは少ないが、タイマイの仲間がむしろ好んで活動する。午前中にシロチョウとシジミチョウの仲間がごちゃ混ぜになって群れていた川辺の砂地は、いつの間にかノミウスタイマイに席巻されていた。

ギンスジミツオシジミ *Catapaecilma major*（タイ）

2月21日

三つ尾

3対の尾をもつ風変わりなシジミチョウが吸水集団に紛れていた。ギンスジミツオシジミと呼ばれる珍しい種で、日本のチョウではキマダラルリツバメがやや近い。幼虫はキマダラルリツバメの仲間と同じようにシリアゲアリの仲間と一緒に過ごすらしい。

コガネギンスジミツオシジミ *Catapaecilma subochrea*（タイ）

2月22日

奇行

川辺に落ちた鳥の糞にコガネギンスジミツオシジミが口吻を伸ばしていた。ギンスジミツオシジミの近縁種で、とても珍しいチョウだ。腹部を左右に曲げて排泄し、その水分で乾いた糞を溶かすという、他のシジミチョウでは見ない行動を繰り返していた。

タイリククロシジミ *Niphanda asialis*（タイ）

2月23日

謎多きチョウ

チェンダオ山の麓には、時折タイリククロシジミが現れる。日本に分布するクロシジミの近縁種で、この仲間はいずれも珍しい。日本のものは幼虫時代をアリの巣の中で過ごすが、海外の種の生活史は知られておらず、果たしてアリと関係をもつのかどうかもわからない。

タイワンクロボシシジミ *Megisba malaya*（タイ）

2月24日

混沌の中に

水場に集まるシジミチョウの仲間は、様々な種が入り乱れて混沌としている。タイワンクロボシシジミは、その中によく現れる種のひとつだ。不規則な灰色の模様が印象的で可愛らしい。日本の南西諸島にも分布するが、雰囲気はかなり異なる。

タイリクフタオチョウ *Polyura eudamippus*（タイ）

2月25日

巨大

タイ北部に生息するフタオチョウは、とにかく巨大で尾が長い。春に現れるものが特に大きいらしく、この個体も見事なチョウだった。吸水している間はおとなしいが、その気になれば大きな羽音を立てて飛び上がり、視界から瞬時に姿を消す。

タイリクフタオチョウ *Polyura eudamippus*（タイ）

2月26日

尾の青

タイリクフタオチョウが翅を開くと、立派な2対の尾が明るい青色に輝く。かつては日本のフタオチョウも同じ種にまとめられていたが、近年別種として扱われるようになった。日本のものはほぼ真逆の特徴をもち、小型で尾が短くなる。

ネペンテスフタオ *Polyura nepenthes*（タイ）

2月27日

少数派

このネペンテスフタオも、タイリクフタオチョウに並ぶ大型種だ。前翅の橙色の帯の形状から、2種の識別には困らない。チェンダオ山麓の水場ではタイリクフタオチョウと同時に見られたが、こちらはずっと少数派だった。

シュライベリーフタオ *Polyura schreiber*（タイ）

2月28日

無我夢中

突然現れたシュライベリーフタオに動揺を隠しきれなかった。図鑑でしか見たことのない憧れのチョウだ。這いつくばりながら息を殺してにじり寄り、服の中にハチが入っても無視してシャッターを切り続けた。あとで確認すると、大きなハチの毒針が胸のあたりに突き刺さっていた。

ヤリサスフタオ *Polyura jalysus*（タイ）

3月1日

浅葱色

この小ぶりなフタオチョウの仲間は、ヤリサスフタオと呼ばれる。タイ北部では比較的多い種で、他のチョウの吸水集団に紛れているのを時折見かけた。浅葱色の大きな斑紋が美しい。

ソロンフタオ *Charaxes solon*（タイ）

3月2日

幾何学模様

わずかに光沢を帯びた灰色の翅は、幾何学的な模様と相まって、どこか金属製の機械のような雰囲気を醸す。他のフタオチョウの仲間以上に敏捷で、見つけた瞬間、飛び去ってしまう。

カールバフタオ *Charaxes kahruba*（タイ）

3月3日

一期一会

曇りがちな空模様で気温が上がりきらず、水辺に下りるチョウは少ない。そんな悪条件の中、1匹のカールバフタオが現れた。濃淡の強い茶色の翅をもつ巨大なフタオチョウの一種だ。珍しいチョウであるらしく、後にも先にもこれしか見たことがない。

チャイロフタオ *Charaxes bernardus*（タイ）

3月4日

種内変異

よく似たフタオチョウの仲間がいくつかいる中で、このチャイロフタオは圧倒的な多数派だ。チェンダオ山の麓では斑紋のわずかに異なるこれに似たチョウが無数に現れ、数種が混在しているかと思われたが、どうやらすべてチャイロフタオの種内変異にすぎないようだった。

タッパンルリシジミ *Udara dilecta*（タイ）

3月5日

ところ変われば

タッパンルリシジミは、タイ北部に生息するシジミチョウの中で最も多く見られる種のひとつ。日本では九州の山のてっぺんなどで稀に姿を現す。日本の土着種とみなす説もあるが、近年では海外から飛来する迷チョウだと考えられることが多い。

タッパンルリシジミ *Udara dilecta*
ヤクシマルリシジミ *Acytolepis puspa*
カクモンシジミ *Leptotes plinius* 他（タイ）

3月6日

水場の群れ

タイ北部の山地では、しばしばシジミチョウの仲間が集まり、おびただしい数で吸水する。タッパンルリシジミが集団の大半を占め、次いでヤクシマルリシジミ、カクモンシジミなどが多かった。他のシジミチョウは、それらに埋もれるように紛れていた。

ケブカニセシロシタセセリ *Darpa hanria*（タイ）

3月7日

羽毛

このケブカニセシロシタセセリは、渓流の水しぶきを浴びる岩の上にとまっていた。羽毛状の毛に深く覆われる風変わりなセセリチョウだ。翅の黒い部分が濡れた岩肌に溶け込み、一方で立体的な白い部分が鳥の糞のように見えるから、遠目には意外なくらい見つけづらい。

インドウラフチベニシジミ *Heliophorus indicus*（タイ）

3月8日

ベニシジミの類縁

日本で身近に見られるベニシジミは、東南アジアではウラフチベニシジミの仲間に置き換わる。一見、ベニシジミに近い仲間とは思えない姿だが、路傍などをちらちら飛ぶ振る舞いはベニシジミに通じるものがあり、タデ科を食草とすることも共通する。

キンイロウラフチベニシジミ *Heliophorus brahma*（タイ）

3月9日

渓流の黄金

キンイロウラフチベニシジミもウラフチベニシジミの一種だ。高い山だけに生息し、翅を開けば黄金色に輝く。太陽が強く照りつける渓流に現れ、しばらくすると岩盤に下り、小さな水しぶきの粒を吸い上げた。

アオオビイチモンジ *Sumalia daraxa*
キンイロウラフチベニシジミ *Heliophorus brahma*（タイ）

3月10日

暑季のはじまり

暑季へと移って山が乾くこれからの季節、チョウは限られた水源に集まって難を逃れる。沢の水しぶきで微かに湿っただけの路面にもチョウが集まり、その小さな染みをアオオビイチモンジが吸い上げていた。隣ではキンイロウラフチベニシジミが水を求めて歩き回っていた。

マエルリシジミ *Orthomiella rantaizana*（タイ）

3月11日

高山チョウ

マエルリシジミは、タイでは高い山の頂上付近でしか見られない。体を傾けて日光を垂直に浴びる日本のコツバメに似た行動をとるが、これはとりわけ冷涼な高山で活動するための習性だろう。その名の通り、ほぼ黒色の翅の中で後翅の前半部だけが瑠璃色に輝く。

ピッカリゴマシジミ *Caerulea coeligena*（タイ）

3月12日

秘められた幼虫時代

ピッカリゴマシジミも高い山の頂上付近に生息する。ゴマシジミの仲間に近い種とされるが、生活史はほとんどわかっていない。他のゴマシジミの仲間は幼虫時代をアリの巣の中で過ごすから、このチョウも人知れず非凡な幼虫時代を送っているのかもしれない。

雪が深く積もったミズナラ林（青森県）

3月13日

卵探しの好機

東南アジアから帰国すると、青森の山はまだ雪に閉ざされていた。この季節の積雪は、昼夜の寒暖で少し解けては凍ることを繰り返し、固く締まっている。深く積もった雪の上に立てば樹木の高い枝まで手が届き、そこに産み付けられたチョウの卵を探すことができる。

ジョウザンミドリシジミ *Favonius taxila*（青森県）

3月14日

冬芽に産む

青森の山で最もよく見つかるのは、ミズナラに産み付けられたジョウザンミドリシジミの卵だ。そもそもの個体数も多いが、必ず冬芽に産み付けるから位置の絞り込みも容易い。か細く小さな冬芽より、美味しそうに太った冬芽が好まれる。

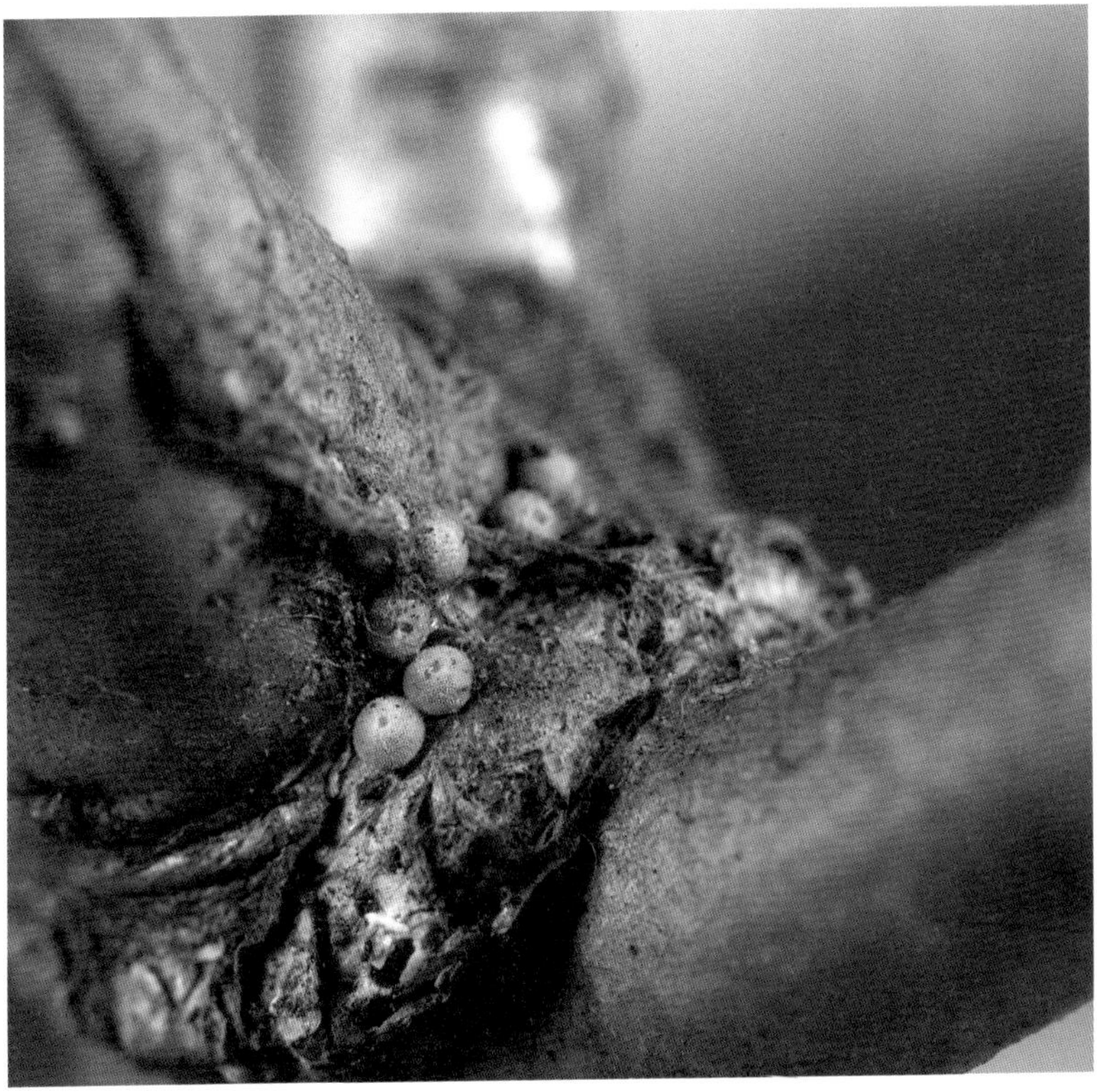

エゾミドリシジミ *Favonius jezoensis*（青森県）

3月15日

樹皮に産む

エゾミドリシジミも多い種で、ジョウザンミドリシジミと同じようにミズナラを食樹とするが、この卵探しは大変だ。枝の分岐や樹皮のひび割れであればあらゆる箇所に卵を産み付けるから、位置の絞り込みが難しい。その代わり複数の卵がまとめて見つかる。

エゾミドリシジミ *Favonius jezoensis*（青森県）

3月16日

ゼフィルスの越冬卵

直径1㎜足らずの卵だが、画面いっぱいに拡大すると表面構造の美しさにハッとさせられる。例えばエゾミドリシジミの卵はこんなふうに小さく鋭い棘が並ぶ。一説によると、この棘のおかげで卵はスクリュー回転しながら産み出され、正しい向きに接着されるらしい。

アイノミドリシジミ *Chrysozephyrus brillantinus*
ジョウザンミドリシジミ *Favonius taxila*（青森県）

3月17日 ―― 良い冬芽

よほど美味しそうに見えたのか、ひとつの冬芽に2種のゼフィルスが産卵していた。下の卵はよく見られるジョウザンミドリシジミだが、上の卵はアイノミドリシジミだ。この種は高く伸びた枝の立派な冬芽を好み、楽に手の届く範囲には卵が少ない。

ウスイロオナガシジミ *Antigius butleri*（青森県）

3月18日

最難関

ミズナラ林における卵探しの最難関はおそらくウスイロオナガシジミだ。木の幹のひび割れなどに産卵するが、隙間に入った卵は目立たない上、位置を絞り込むのも難儀で、そもそもの個体数も多くない。狙って見つけられたときはとても嬉しい。

ウラミスジシジミ *Wagimo signatus*（青森県）

3月19日

見分け

ウラミスジシジミもミズナラの冬芽を好み、およそ数卵がまとめて産み付けられる。拡大すると、他のゼフィルスの卵よりも中央の窪みが浅く、表面の棘は細長く尖っている。この形状の違いは肉眼でもなんとなくわかる。

フジミドリシジミ *Sibataniozephyrus fujisanus*（青森県）

3月20日

ブナと卵

ブナの枝にはフジミドリシジミが卵を産む。赤みが強く表面の滑らかな細枝に、白色の卵が浮き上がって見えて美しい。その昔、フジミドリシジミの卵は木の中ほどの高さに多いと教わったが、ブナの木のてっぺんにはそもそも手が届かない。

ウラクロシジミ *Iratsume orsedice*（青森県）

3月21日

マンサク

平地では日向の雪が消え、マンサクの花が咲きはじめている。枝を手繰り寄せ、ひとつずつ葉芽の付近を見ていくと、マンサクを食樹とするウラクロシジミの卵が見つかった。孵化まではもう少し時間がかかりそうだ。

ウラクロシジミ *Iratsume orsedice*（青森県）

3月22日

棘

ウラクロシジミの卵は太く立派な棘に覆われている。マンサクの冬芽に卵を産むチョウは他になく、肉眼であっても識別に困ることはほぼないが、拡大して見える表面構造を他のゼフィルスと比べてみると面白い。

ミスジチョウ *Neptis philyra*（青森県）

3月23日

カエデ

冬山を歩いていると、カエデの葉が不自然に落葉せず残っているのを見つけた。これはミスジチョウの越冬巣で、中に幼虫が潜んでいる。普通、葉の付け根を糸で絡めることによって落葉を防ぐのだが、この個体は隣の枝の中途半端な位置に葉を括り付けていた。

コムラサキ *Apatura metis*（青森県）

3月24日

樹皮のひび割れに

潜んでいる幼虫を見つけられるだろうか。コムラサキの中齢幼虫は、ヤナギの木の幹で冬を越す。体色が周囲とよく馴染み、ひび割れた樹皮の隙間などに身を寄せているから、見つけるのはとても難しい。

コムラサキ *Apatura metis*（青森県）

3月25日

吹きさらし

樹皮の隙間に潜むコムラサキの越冬幼虫は、拡大するとこんなナメクジ型の姿をしている。体を固定するための糸座が、体の下にうっすら白く見える。幹に貼り付いた吹きさらしの状態で、厳しい冬を耐え凌ぐ。

クロシジミ *Niphanda fusca*（青森県）

3月26日

居候

クロシジミの幼虫は、夏のうちにクロオオアリの巣へと運び込まれ、冬もそのまま地下に広がる巣の中で過ごす。幼虫は、クロオオアリが好んで舐める蜜を背中から分泌し、その対価としてアリから口移しで餌を受け取る。

クロシジミ *Niphanda fusca*（青森県）

3月27日

逃げる準備

幼虫と違って蜜を出さないクロシジミの蛹にも、クロオオアリは関心を示し周囲に留まる。しかし羽化した成虫はしっかりアリから攻撃を受けるため、すぐに逃げられるよう巣の出入り口付近にまで移動して蛹になることが多い。

エルタテハ *Nymphalis vaualbum*（青森県）

3月28日

メープルシロップ

木々は芽吹いておらず、日陰には深い雪が残っている。そんな中、カエデの木からは透明な樹液が流れ出し、幹を広く濡らしていた。天然のメープルシロップは、いち早く越冬から目覚めたエルタテハに独り占めされていた。

ヒオドシチョウ *Nymphalis xanthomelas*（青森県）

3月29日

海を望む

道中の林は雪に閉ざされ、カタクリやキブシなどといった春の花もまだ咲いていない。しかし海を見下ろす展望台からの青々とした景色は少し春らしかった。陽射しに温められた木製のベンチが、ヒオドシチョウの特等席だった。

ヒオドシチョウ *Nymphalis xanthomelas*（青森県）

3月30日

小さな酒場

ミズナラの幹にヒオドシチョウが集まっていた。よく見るとわずかに樹液が染み出している。夏であれば見向きもされないであろう控えめな樹液だが、緑の気配がない冬色の雑木林では貴重な蜜源なのだろう。

ヒメギフチョウ *Luehdorfia puziloi*（青森県）

3月31日

早い春

海岸近くの斜面に、季節を先取ったカタクリが数輪、花を咲かせていた。急峻で険しく、花とチョウの少ない場所だが、ここより早く春が訪れる斜面を私は知らない。カタクリの花を眺めていると、陽だまりに誘われたヒメギフチョウがどこからともなく現れて目の前にとまった。

索引

あとがき

私は本州の北端、青森県で暮らしています。金緑色にきらめくミドリシジミの仲間が飛び交う樹林などが比較的身近にあり、チョウの観察場所には恵まれた地域です。北国の夏はとても短く、代わりにぎゅっと濃縮されています。関東地方などで6月から8月にかけて少しずつ顔ぶれを変えながら現れる様々なチョウたちが、青森では7月頃に一斉に現れ野山を彩るのですが、そんな北国の夏が私は大好きです。一方、チョウと無縁の日々が続く長い冬はとても退屈で、それこそ常夏の国に逃避でもしなければやっていられません。このような、世間一般の感覚から少しずれているかもしれない私の趣味と季節観を、本書に詰め込みました。

近年、チョウをとりまく環境は激変しています。人の営みの変化や気候変動などの流れに種の特性がうまく噛み合って生息地を広げたチョウもいますが、絶滅の危機に追いやられてしまったチョウも少なくありません。彼らの漂う姿がこれからも景色の中に在り続けますように。

工藤誠也

工藤誠也

くどう・せいや

1988年青森県弘前市生まれ。岩手大学大学院連合農学研究科博士課程修了。弘前大学農学生命科学部研究機関研究員。現在では研究活動のかたわら、青森県を主なフィールドとして昆虫の撮影を行っている。著書に『美しい日本の蝶図鑑』（ナツメ社）、『学研の図鑑LIVE 昆虫 新版』（共著、学研プラス）、『アリの巣の生きもの図鑑』（共著、東海大学出版会）、『超拡大で虫と植物と鉱物を撮る』（共著、文一総合出版）、『別冊太陽 昆虫のすごい世界』（共著、平凡社）、『別冊太陽 昆虫のとんでもない世界』（共著、平凡社）などがある。

ブックデザイン：横須賀拓
編集：藤本淳子
編集担当：松下大樹（誠文堂新光社）
プリンティングディレクション：山内 明、牛口智子（大日本印刷）

チョウごよみ365日《にち》

昆虫研究者《こんちゅうけんきゅうしゃ》が追《お》いかけた四季折々《しきおりおり》の姿《すがた》と営《いとな》み

2024年3月15日　発　行　NDC486

著　　者　工藤誠也《くどうせいや》
発 行 者　小川雄一
発 行 所　株式会社 誠文堂新光社
〒113-0033 東京都文京区本郷 3-3-11
電話 03-5800-5780
https://www.seibundo-shinkosha.net/
印刷・製本　大日本印刷 株式会社

ISBN978-4-416-62353-4